Hart, aber unfair

Prof. Dr. phil. Jens Weidner, Professor für Erziehungswissenschaften und Kriminologie an der Fakultät Wirtschaft und Soziales der Hochschule für angewandte Wissenschaften in Hamburg, entwickelte ein Anti-Aggressivitäts-Training (AAT®), mit dem in über 100 Projekten mehr als 2000 aggressive Menschen pro Jahr in Deutschland und in der Schweiz behandelt werden. Seit 1994 bietet er dieses Training auch in umgekehrter Sichtweise an: für Führungskräfte, die ihre Durchsetzungsfähigkeit und ihren Biss verstärken wollen. Jens Weidner ist Mitgesellschafter des Deutschen Instituts für Konfrontative Pädagogik (IKD) und Eigentümer der Firma »Aggressions-Seminar-Service & Management-Training (ASS)«.

Informationen zu seinen Vorträgen und Seminaren für mehr Biss erhalten Sie unter unter www.prof-jens-weidner.de.
Kontakt unter: info@prof-jens-weidner.de.

Jens Weidner

Hart, aber unfair

Ein gemeiner Ratgeber für Arbeitnehmer

Campus Verlag
Frankfurt / New York

Danken möchte ich meiner Frau,
deren frauenspezifische Perspektive und kritische Begleitung
mich gefordert und dem Buch sehr gutgetan haben.
Merci Birgit!

ISBN 978-3-593-39901-0

Umschlaggestaltung: total italic, Thierry Wijnberg, Amsterdam/Berlin
Umschlagmotiv: © Shutterstock
Satz: Publikations Atelier, Dreieich
Gesetzt aus der Sabon und der DIN
Druck und Bindung: Beltz Bad Langensalza
Printed in Germany

Dieses Buch ist auch als E-Book erschienen.
www.campus.de

Inhalt

Sind Sie schon aggro oder kuschen Sie noch?

Über den Weg zu einer neuen Lebenseinstellung

Bei einem Interview mit der *Frankfurter Allgemeinen Zeitung* wurde ich gefragt, wofür Arbeitnehmer ein Buch wie *Hart, aber unfair* überhaupt bräuchten. Die Antwort ist simpel: Damit sie sich nicht mehr ins Bockshorn jagen lassen. Und wie gelingt das? Ganz einfach: Sie müssen die Spielregeln im Job durchschauen. Das ist gar nicht so schwer, wie man vielleicht denkt, und hat einen tollen Nebeneffekt für Sie als Arbeitnehmer: Wenn Sie unfaires Verhalten schnell durchschauen, macht es für die Unfairen wenig Sinn, weiterzumachen – und sie werden daher zukünftig zurückhaltender agieren. Noch besser: Wenn Sie solches Verhalten sogar antizipieren, also vorhersehen können, findet es erst gar nicht statt! Weil Sie vorbeugend agieren. Das ist wunderbar, denn jetzt können Sie sich in Ruhe auf Ihre eigentliche Arbeit konzentrieren. Endlich!

Gewinnertypen, die ohnehin schon durchsetzungsstark sind, dominieren häufig das berufliche Spielfeld. *Hart, aber unfair* trainiert neue Spielerinnen und Spieler: So feine Menschen wie Sie! Dieses Buch gibt aufstrebenden, innovativen, fachlich versierten Arbeitnehmern endlich den Segen, sich in ihrem Arbeitsumfeld auch mal bissig positionieren zu dürfen – für eine gute Sache. Also: **Seien Sie ruhig mal »aggro« im Job!** Im neuen Wörterbuch der Szenesprachen ist »aggro« die Abkürzung für »aggressiv«. Man kann danach entweder körperlich aggressiv sein und prügeln (was Sie natürlich nicht tun sollten) oder mit Worten »dissen«, wieder so ein neudeutsches Wort, das so viel bedeutet wie »Schlagfertigkeit demonstrieren« (was definitiv nicht schaden kann). Der Aggro-Begriff soll in diesem Buch erweitert werden, er soll eine Lebenseinstellung beschreiben: »Ein Ja-Sager und Schäfchen-Typ, mit dem man im Beruf alles machen kann? – Das bin ich garantiert nicht!« Das sollen Sie spätestens nach der Lektüre überzeugt von sich sagen.

Doch leider fällt vielen Berufstätigen diese innere Haltung schwer. Sie arbeiten klag- und manchmal auch lustlos, lassen sich unterbuttern und übervorteilen, werden bei Beförderungen übergangen oder ihre Leistungen werden nicht anerkannt. Sie bilden – leider – eine schweigende Mehrheit.

Ihnen ist dieses Buch gewidmet, Menschen wie Linda Rohner, Thomas Fuchs und Trudy Herden, deren Aussagen stellvertretend für viele andere stehen:

- Linda Rohner ist im Einzelhandel in Hannover tätig: »Es liegt mir überhaupt nicht, egoistisch zu agieren, was allerdings dazu führt, dass ich mich ständig zurücknehme und meine guten Ideen nicht nach vorne bringe: Das wäre ja irgendwie egoistisch – hier brauche ich den Segen, dass auch meine Ideen etwas wert sind.«
- Thomas Fuchs arbeitet bei einem Berliner Telefonanbieter: »Mir wird im Meeting von einem Kollegen öffentlich die Kompetenz abgesprochen – und ich wehre mich nicht sofort, sondern traue mich kaum, den hinterher unter vier Augen anzusprechen. Dabei müsste ich das sofort im Meeting oder wenigstens beim nächsten Treffen öffentlich tun!«
- Trudy Herden ist Mitarbeiterin in einem Regensburger Maschinenbauunternehmen: »Offensichtlich habe ich mir über die Strukturen in unserem Laden viel zu wenige Gedanken gemacht, sodass ich oft Hilflosigkeit demonstriere, weil ich gar nicht verstehe, was da gerade läuft und was das Ganze soll.«

Womöglich haben Sie sich schon einmal über ähnliche Dinge Gedanken gemacht. Sie sehen also: Sie sind nicht allein. Die obigen Antworten stammen aus meinem Aggro-Faktor-Fragebogen, dessen Motto lautet: Wer sich die Schattenseiten beruflicher Kommunikation vor Augen hält, kann nur noch positiv überrascht werden! 427 Frauen und Männer aus Deutschland, der Schweiz und Österreich haben den Bogen ausgefüllt. Sie sind in den verschiedensten Branchen aktiv: im Bau, im Handel, in der Metallindustrie, der Chemie, in sozialen Einrichtungen, in der Autobranche, in Behörden, in Architektur- und Steuerbüros, in den Medien oder der Werbung. Diese fünf Fragen haben sie alle beantwortet:

1. Welchen Erwartungen und Wünsche haben Sie an den Aggro-Faktor?
2. Welche Durchsetzungsformen brauchen Sie in Ihrem Berufsleben?
3. Welche Interaktionen demotivieren Sie an Ihrem Arbeitsplatz?
4. Welche unangenehmen Persönlichkeitszüge haben Sie selbst im Job zu bieten?
5. Welche bissigen oder bösen Taten haben Sie im Job erlebt oder begangen?

Insgesamt wurden 2135 Antworten gegeben, die als originalgetreue Zitate den roten Faden dieses Buchs bilden. Nur die Namen sind anonymisiert, das musste ich den Befragten hoch und heilig versprechen – und ich halte mich natürlich daran. Herausgekommen sind ehrliche, entwaffnende, nicht immer politisch korrekte Statements, die vor allem deutlich machen: Es gibt noch zu viele Opfer mit zu wenig Biss im Berufsleben. Genau diese noch zahmen und zahnlosen Arbeitnehmer möchte ich daher sozusagen als Advocatus Diaboli an die Hand nehmen.

Meine Aufforderung »Seien Sie ruhig mal aggro im Job!« ist bei einigen Befragten aber schon jetzt überflüssig: »Mal im

Ernst«, antwortet mir zum Beispiel Marlies Danthe, die in der Organisation eines Handelsriesen tätig ist, »warum soll ich zu diesen Fragen etwas sagen, das müssen Sie schon selber rausbekommen. Aber Sie sind ja nur so ein Discount-Professor von einer ehemaligen Fachhochschule, nicht mal von einer richtigen Uni, oder?« Was lernen wir daraus? Frau Danthe verfügt bereits über ein mehr als ausreichendes Aggro-Maß. Ehrlich gesagt: Ich bin froh, sie nicht als Kollegin zu haben. Ihre Lust am Schlagabtausch könnte dennoch für uns ansteckend sein, zumal sie den Fragebogen durch ihr Verständnis von beruflicher Intelligenz mit einer Metapher grandios ergänzt: »Teamplaying ist, wenn fünf Füchse und ein Hase über das Abendessen abstimmen. Intelligenz ist, wenn der Hase bei der Abstimmung eine Schrotflinte in der Pfote hält.«

Liebe Leserinnen und Leser, in diesem Sinne werden Sie nach der Lektüre – symbolisch gesprochen – den Finger am Abzug haben! Das Gros der Befragten setzt aber nicht auf Attacke, sondern braucht Ermutigung, um Grenzen zu ziehen und sich klar und positiv zu positionieren. Damit keine Missverständnisse aufkommen: Dieses Buch empfiehlt Ihnen nicht, *hart, aber unfair* zu werden, sondern es warnt Sie vor unfairen Kollegen und Chefs und macht deren Verhalten für Sie durchschaubar. Ganz nach dem Motto: »Gefahr erkannt, Gefahr gebannt!« Um mit solchen Zeitgenossen zurechtzukommen, brauchen Sie eben ab und an eine gewisse Härte und ein dickes Fell im Job. Beides vermittelt Ihnen *Hart, aber unfair*. Aber versprechen Sie mir eines: Im Privatleben bleiben Sie einfühlsam, verzeihend und verständnisvoll. So kommen Sie im Job voran und bleiben im Privaten ein feiner Mensch. Besser geht's wohl kaum!

Hart, aber unfair gliedert sich in zehn Kapitel, die Ihnen im Umgang mit fiesen Kollegen, bissigen Vorgesetzten oder elenden Wichtigtuern eine Menge Handwerkszeug reichen.[1] Denn diese Leute ticken nach speziellen Regeln und Sie können mit diesen Regeln authentisch bis strategisch umgehen (lernen) –

oder weiterhin in jede Falle und jedes Fettnäpfchen treten. Was ist Ihnen lieber? In diesem Buch erfahren Sie, wie weit Sie sich auf schwierige Berufssituationen einlassen sollten und welches Echo Sie mit Ihrem Verhalten zu erwarten haben. Die Sozialisationstheorie[2] nennt dieses Phänomen die **Invarianz der Sequenz**. Das heißt, Sie durchlaufen mit dem Studium dieses Buchs einen Erkenntnisprozess, der unumkehrbar ist. Nicht dass Sie sich an die Empfehlungen dieses Buchs halten müssen – aber Sie werden sie auch nicht mehr ignorieren können. (Oder hätte ich Ihnen das erst am Ende des Buchs verraten sollen? Nein, Sie sollen schon wissen, worauf Sie sich hier mit mir einlassen …) Kognitionspsychologisch spricht man von der **hierarchischen Präferenz**, nach der wir Menschen immer eine Problem- oder Konfliktlösung auf höchstmöglichem Niveau anstreben.[3] *Hart, aber unfair* wird einen Beitrag zu dieser Erhöhung leisten können. Sie werden sehen: Beim Lesen werden Ihnen immer wieder Begegnungen mit Kollegen, Chefs und Wichtigtuern einfallen, die Sie nun in einem anderen, womöglich klareren Licht sehen. Mit dem Aggro-Wissen werden Sie antizipativ reagieren können und sind damit bestens vor bösen Überraschungen gefeit, denn Ihre neuen Kenntnisse machen Ihr Berufsleben in gewisser Weise berechenbar.

Mit *Hart, aber unfair* haben Sie sich bei einem Crashkurs eingeschrieben, der bisher eher Führungskräften vorbehalten war. Wer mein Buch *Peperoni-Strategie* kennt, wird einiges wiedererkennen. Jetzt konzentriere ich mich aber auf die Arbeitnehmer, die oft genug mit bissigen Chefs und fiesen Kollegen konfrontiert sind. Ihnen möchte ich das komprimierte **Einmaleins der Spielregeln im Berufsleben** mit auf den Weg geben. Kennen Sie es in- und auswendig, sind Sie stark! Wenn nicht, sind Sie zu schwach!

Nehmen wir zum Beispiel Silvia Steigmann, Teamleiterin im Vertrieb. Sie weiß genau, wie der Hase läuft. Dementsprechend weiß sie auch, was sie nicht will – und das macht sie mit ihrem

Kommentar auf meinem Aggro-Fragebogen unmissverständlich klar: »Ich beantworte Ihren Fragebogen nicht, weil ich gemein bin! Ihre hirnlose Fragerei stiehlt mir nur die Zeit. Stecken Sie sich Ihre Aggressionen sonst wohin, wenn Sie nicht wissen, wohin, kann ich Ihnen gerne helfen. Ich bin nämlich hilfsbereit!« An bissigem Humor mangelt es dieser Frau nicht. Ganz im Gegenteil, hier könnte sogar eine geringere Dosierung angesagt sein. Andererseits arbeitet sie im Vertrieb und da gelten eben rauere Sitten und Gesetze. So bat mich zum Beispiel der Veranstalter eines Vertriebsmeetings, der mich zu einem Vortrag zum Thema »Wie viel Biss brauchen wir und wann gehen wir zu weit?« einlud: »Ich habe Ihren Vortrag schon einmal gehört. Deswegen lade ich Sie zu uns ein. Nur eine Bitte: Lassen Sie die Ethikcharts in Ihrer Präsentation weg. Das bringt die Leute hier nur durcheinander.« Noch Fragen?

Ein ethikfreies Arbeiten propagiert *Hart, aber unfair* gewiss nicht. Aber es will Sie ermutigen, auch einmal aggro zu agieren oder reagieren, sofern es beruflich angemessen ist. Simone Lerche, Teammitglied einer Elektrofirma bei Würzburg, formuliert das so: »Mein Wunsch ist, meinen Standpunkt länger im Gespräch halten zu können, weniger kompromissbereit zu sein und vor allem keine Abschweifungen auf Nebenschauplätze zuzulassen.« Und Christoph Sellner, stellvertretender Projektleiter eines norddeutschen Autozulieferers, erkennt: »Mir fehlt es schlicht am ›Standing‹, ich knicke einfach zu schnell ein.« Beiden kann geholfen werden. Dabei gilt: Je angenehmer Ihr Arbeitsplatz, je netter und verständnisvoller Ihr berufliches Umfeld ist, desto seltener werden konfliktreiche Auseinandersetzungen für Sie ein Thema sein. Gott sei Dank. Damit es angenehm bleibt, sollte Ihr Umfeld allerdings wissen, dass Sie auch anders können, wenn Sie es wollen beziehungsweise wenn man Sie herausfordert. In dem Fall sind Sie:

- nicht nur nett, sondern auch nüchtern
- nicht nur liebenswert, sondern auch reserviert

- nicht nur hilfsbereit, sondern auch Leistungen einfordernd
- nicht nur ja-sagend, sondern auch kritisch rückmeldend

Im Grunde folgt *Hart, aber unfair* dem pragmatischen Motto: »Realität ist, wo man durch muss.«[4] Mitbringen müssen Sie jetzt nur noch Ihre professionelle Qualität, eben Ihr spezifisches berufliches Know-how, und das haben Sie. Ich unterstelle einfach, dass Sie seriös auf Ihrem Gebiet agieren. Sie kennen sich aus. Sie zählen nicht zu den »drei apokalyptischen F: Faulheit, Feigheit und Fantasielosigkeit«[5], denn bei fehlender fachlicher Qualität hilft kein Coaching der Welt. Es ist mein Ziel, Ihr kultiviert angemessenes, nicht die Menschenwürde verletzendes Maß an positiver Aggression zu steigern.

Abschied vom Duckmäusertum: Halten Sie den Kopf aus dem Fenster und genießen Sie den Gegenwind!

Über Schäfchen-Typen, das Paradoxon der Macht und aktiven Opferschutz

Sind Sie ein Schäfchen-Typ?

Ein Schäfchen-Typ ist jener Mitarbeiter, der klaglos schuftet und Karriere- oder Gehaltswünsche so zaghaft formuliert, dass man ihn geflissentlich überhört. Er ist ein hervorragender Zuarbeiter, der exzellent in der dritten Reihe postiert ist und gerne mit Arbeit überhäuft wird, weil er eine Eigenschaft hat, die fiese Kollegen und Chefs insgeheim Freudentänze aufführen lässt: Er kann einfach nicht Nein sagen. Perfekt, oder? Bestimmt kennen auch Sie solche netten Kollegen und schätzen ihr Engagement, ihr liebenswertes Auftreten, ihre Unaufdringlichkeit. Womöglich sind Sie selbst so ein übertrieben netter Mensch? Finden Sie es heraus: mit dem Schäfchen-Test!

- Hat man Sie schon ungebeten ins kalte Wasser geschmissen?
- Lädt man bei Ihnen gerne Zusatzarbeit ab, weil man von Ihnen wenig Widerstand erwartet?
- Betrachtet man Ihre Mehrarbeit als selbstverständlich und nicht anerkennenswert?
- »Vergisst« man einfach, sich bei Ihnen zu revanchieren und sich für Ihre Hilfe zu bedanken? Sonst würden Sie ja am

Ende noch merken, dass Ihre Hilfsbereitschaft nicht selbstverständlich ist.

- Übergeht man Sie bei Gehaltsverhandlungen oder interessanten Aufgaben, weil man Klagen oder juristische Prüfungen von Ihnen nie erwarten würde und daher lieber bestimmte Störenfriede mit diesen Bonbons ruhigstellt?
- Nutzt man aus, dass Sie einfach ein feiner, verständnisvoller, netter Mensch sind, der das Herz am rechten Fleck hat?

Wie viele Fragen haben Sie mit Ja beantwortet? Mehr als eine? Dann lesen Sie unbedingt weiter, denn etwas mehr aggro im Beruf schadet Ihnen garantiert nicht!

Warum Sie sich von Ihrem Schäfchen-Dasein verabschieden sollten, fragen Sie? Ganz einfach: um sich selbst zu schützen. Klar, nette Mitarbeiter und Kollegen sind im Umgang sehr angenehm – und dennoch empfinde ich persönlich manchem Netten gegenüber eine Art Fürsorgepflicht, weil leicht zu erkennen ist, dass diese Freundlichkeit schnell ausgenutzt werden kann. Manche Schäfchen-Typen sind häufig so selbstlos freundlich, dass sie innerlich ausbrennen. Sie geben viel mehr, als sie zurückbekommen, und dieses Ungleichgewicht führt schneller in den Burn-out, als man denkt. Das hat niemand verdient, schon gar nicht feine, sich nicht in den Vordergrund drängende Menschen wie Sie. Statt Burn-out favorisiert dieses Buch das **Burn-on-Prinzip** und spricht damit seinem Erfinder Prof. Dr. Georg Schürgers[6], Mediziner an der Hochschule für Angewandte Wissenschaften Hamburg, aus der Seele. Er möchte Eigenverantwortung fördern, auf Stärken hinweisen, Anerkennung ermöglichen und humorvolle Distanzierung als Form der Betrachtung der Berufswelt nutzen. Humorvolle Distanz ist etwas Wunderbares, denn man nimmt sich selbst, aber vor allem die anderen nicht ganz so ernst und relativiert auf diese Weise manches Elend, das einen sonst vor Ärger nächtelang um den Schlaf bringen könnte. In diesem Sinne wird *Hart, aber unfair*

Sie davor schützen, im Berufsleben in die Opferrolle zu rutschen. Für die zu Freundlichen in der Berufswelt ist das vorliegende Buch ein **Gesundheits- beziehungsweise Präventionsratgeber**, denn es macht unangenehme Gespräche und Verhaltensweisen von Kolleginnen und Vorgesetzten transparent. Kriminologisch gesprochen holt es berufliche Unfairness vom Dunkelfeld ins Hellfeld.

Die deutsche, schweizerische und österreichische Berufswelt hat dafür einen wahren anglo-amerikanischen Satz parat: »They take kindness for weakness.« Zu viel Freundlichkeit und Nettigkeit wird in der westlichen Welt leider häufig als Schwäche interpretiert: Diese sogenannten Nice Guys (= Schäfchen-Typen) haben es laut Nir Halevy, Forscher an der Stanford University, im Job schwerer:[7] »Die netten Kerle schaffen es nicht an die Spitze, wenn ihre Gruppe einen dominanten Führer braucht, der sie in Zeiten des Konflikts leiten soll.« Die Ergebnisse der Studie an der Stanford University stützen sich auf spielerische Experimente: Die Teilnehmer bekamen jeweils 10 Chips im Wert von 20 Dollar. Diese konnten sie behalten oder in einen gemeinsamen Topf für die Gruppe einzahlen. Das Teilen kam entweder nur der eigenen Gruppe zugute – oder schadete gleichzeitig allen Teilnehmern einer zweiten Gruppe.

Die Spieler wurden nach dem Experiment befragt und es stellte sich heraus:

- Wer seine Chips egoistisch für sich behält oder beim Einzahlen in den Topf die bewusste Schädigung der anderen Gruppe in Kauf nimmt, gilt bei den anderen zwar als unangenehm, wird aber als dominant wahrgenommen.
- Wer seine Chips mit der eigenen Gruppe teilt, ohne der anderen Gruppe zu schaden, gewinnt zwar die Herzen und Sympathien der Gruppe, aber auf der Dominanzskala schafft er es nicht weit nach oben.

- Wer total uneigennützig und bereitwillig sein Chips-Vermögen mit beiden Gruppen teilt, gilt hingegen in den Augen der Mitspieler weder als besonders angenehm noch als dominant.

Zum Schluss sollten die Teilnehmer noch einen Anführer für einen Wettbewerb mit der Konkurrenzgruppe wählen. Die Dominanten erhielten die meisten Stimmen, nicht etwa die Großzügigen, Sympathischen. Was lernen wir daraus? Wer immer nur nett ist, schafft es selten bis an die Spitze der Hackordnung, setzt sich also nicht durch. In unzähligen Mitarbeiterseminaren, die ich seit 1994 im deutschsprachigen Raum gebe, habe ich ein ähnliches Experiment – das Stanford-Experiment war mir zur damaligen Zeit gar nicht bekannt – immer wieder durchgeführt. Stets mit den von Nir Halevy beschriebenen Ergebnissen. Die Fragestellung in meinen Workshops lautete: »Sie haben ein Berufsproblem, das Ihnen zu kippen droht und das Sie nur noch mit Biss und Durchsetzungsstärke lösen können. Wen aus der Gruppe der Teilnehmer wählen Sie sich zum Verhandlungspartner und Mitspieler und wen möchten Sie auf keinen Fall bei der Problemlösung dabeihaben?« Bei dieser Kraftfeldanalyse (Force-Field-Analysis) wurden durchgängig die Durchsetzungsstarken gewählt, die gleichzeitig den Eindruck vermittelten, ihre Mitspieler nicht überrollen zu wollen. Diejenigen, die bereit waren, ihre Power in den Dienst der Sache zu stellen. Diejenigen, so meine Formulierung, die »solidarische Stärke« ausstrahlen. Die nur netten Teilnehmer wurden dagegen links liegen gelassen.

Die Psychologie spricht vom **Paradoxon der Macht**. Es beschreibt, wie sich Menschen durch ein Mehr an Einfluss verändern: »Eigentlich wird niemand befördert, weil er besonders unfreundlich, herrschsüchtig und rücksichtslos ist. Doch anstatt integer zu bleiben, werden sie in der neuen Position unzugänglich und entdecken ihre herrische Ader. Hinter sachlicher

Kritik wittern sie den Versuch der Demontage. Fähige Mitarbeiter werden als Konkurrenten wahrgenommen. Den Olymp der eigenen Macht sichern wird zum Tagesgeschäft.«[8] Einfach formuliert: Chefs jeder Couleur leiden unter der Angst der Machtbeschneidung.

Für Berufstätige bedeutet das: Wenn Sie Ihrem Chef oder Ihrer Chefin diese **Beschneidungsangst** nehmen, liegt er oder sie Ihnen im besten Fall zu Füßen, im schlechtesten Fall werden Ihre Karrierepfade zumindest nicht gestört. Wie das geht? Ganz einfach: Stimmen Sie grundsätzlich all Ihr Handeln, das den Chefradius berühren könnte, vorab informell unter vier Augen mit ihm ab. Holen Sie sich einfach sein Okay – und zwar so lange, bis sie zu hören bekommen: »Sie brauchen nicht immer vorher Bescheid zu sagen, Sie machen das schon!« Erst jetzt steht das Vertrauensverhältnis, die Beschneidungsangst des Chefs schwindet. »Das ist ja anbiedernd«, entgegnet mir Peer Lahr, Berufsanfänger im niedersächsischen Handel, trotzig bei einem meiner Seminare. Seine Meinung ist durchaus nachvollziehbar, ignoriert aber eine wichtige Vorgesetztenregel: Je statushöher und machtvoller der Vorgesetzte ist, desto größer ist seine Beschneidungsangst und desto überempfindlicher seine Reaktion, wenn etwas nicht mit ihm abgestimmt wird. Was passiert in dem Fall? Nun, beim Chef wächst langsam, aber sicher die Befürchtung, die Kontrolle zu verlieren, und dieses Gefühl steigert sich manchmal bis hin zur Panik, den Laden gar nicht mehr im Griff zu haben. Für die Auslösung solcher Panikattacken sind Sie bestenfalls nie verantwortlich! Denn diese Panik kann sich beim Chef bis zur Existenzbedrohung auswachsen: Er befürchtet, seine Führungsposition und damit das respektable Gehalt zu verlieren. Das hat in der Logik der besser verdienenden Vorgesetzten – egal ob männlich oder weiblich – die finale Konsequenz, dass die schöne Immobilie, die tollen Reisen und der komfortable Wagen auf dem Spiel stehen, dass am Ende vielleicht sogar

Arbeitslosigkeit droht! Behalten Sie diese Logik der depressiven Kettenreaktion unbedingt im Gedächtnis, denn sie jagt in Sekundenschnelle durch das Chefhirn – und das nur, weil Sie sich nicht ordentlich abstimmen können oder wollen. Wollen Sie das riskieren?

Peer Lahr, der das Abstimmen mit dem Chef – zumindest bisher – für völlig übertrieben und viel zu aufwändig hielt, hat es riskiert, was bittere Konsequenzen für ihn hatte: Eine nicht abgestimmte Kleinigkeit gegenüber einem Kunden brachte ihm riesigen Ärger mit seinem Chef ein, mitsamt dem Hinweis, dass die Verlängerung seines befristeten Vertrags kein Selbstläufer sei. Peer verstand die Welt nicht mehr: »Ich bin doch viel zu unwichtig, als dass mein Chef so reagieren müsste.« Weit gefehlt, lieber Peer, umgekehrt wird in der Cheflogik ein Schuh daraus: »Wenn schon der junge Herr Lahr sich nicht abstimmt, was werden sich dann wohl die anderen, wichtigeren Kollegen in Zukunft herausnehmen?«, denkt der Vorgesetzte und bekommt kurz Schnappatmung. Um solchem Ungehorsam vorzubeugen, gab es für Peer daher vorsorglich die Breitseite.

Naive Nice Guys, die diese Cheflogik ignorieren, lassen sich auch schnell in die Schäfchen-Rolle drängen. Diese Rolle beinhaltet ein berufliches Schuldgefühl, weil Kollegen und Vorgesetzte einem einreden, man sei nicht gut genug, nicht schnell genug, nicht helle genug und nicht gründlich genug. Kurz und gut, es wird einem Schuld suggeriert an vielem, wenn nicht an allem, was in der Abteilung schiefläuft: Waren Sie an einer Fehlentwicklung beteiligt, sind Sie natürlich schuld – und waren Sie nicht beteiligt, haben Sie die Fehlentwicklung nicht verhindern können und sind demnach auch schuld. Wie man's macht, ist es dann verkehrt. Sie werden Opfer der klassischen Lose-lose-Situation. Solche Schuldzuschreibungen können so subtil von Kollegen und Chefs gefördert werden, dass sich Schäfchen-Mitarbeiter bereits schuldig fühlen, bevor überhaupt jemand Kritik geäußert hat! Diesem vorauseilenden Gehorsam kann und will *Hart, aber unfair* entgegensteuern. Sie werden gecoacht:

- Sie erkennen, wo Sie ins offene Messer rennen. Bisher sehen Sie die Gefahr vielleicht nicht immer rechtzeitig, weil Sie gar nicht so negativ denken mögen.
- Sie erkennen, dass Ihre neuen Aufgaben nicht zu bewältigen sind. Bislang bemerken Sie das vielleicht erst sehr spät, weil Sie sich gar nicht vorstellen können, dass jemand absichtlich Arbeiten so ungerecht verteilt.
- Sie erkennen, dass man Ihre Schwäche, Nein zu sagen, schamlos ausnutzt. Bisher wollten Sie das womöglich nicht glauben, weil Hilfsbereitschaft für Sie Teamfähigkeit bedeutet und ganz oben auf Ihrer Werteskala steht.
- Sie erkennen, dass Ihr Fleiß und Ihr Verantwortungsgefühl Sie langsam, aber sicher in den Burn-out treiben. Vielleicht ahnen Sie es schon, mögen es sich aber noch nicht so recht eingestehen.

Ob Sie dieses Coaching im Beruf einsetzen oder nicht, bleibt natürlich Ihnen überlassen. *Hart, aber unfair* ermöglicht Ihnen jedenfalls den **Abschied vom Duckmäusertum** – wenn Sie wollen. Sie haben den Segen, sich durchsetzen zu dürfen. Sie können sich aktiv davor schützen, übervorteilt zu werden, und Sie fördern Ihr seismografisches Gespür für drohenden Ärger!

Sybille Satyr, Abteilungsleiterin im Drogeriebereich, geht dieser Gedanke aber schon zu weit: »Dann bekommt unser Vorgesetzter ja Angst. Das will ich nicht!« Da liegt sie aber falsch: Der Abschied vom vorauseilenden Gehorsam löst keine Angst bei Vorgesetzten aus, sondern fördert – ganz im Gegenteil – deren Respekt Ihnen gegenüber. Probieren Sie es dosiert aus und steigern Sie die Dosis behutsam. Sie werden schnell das richtige Gespür entwickeln. Sybille Satyr möchte dieser Empfehlung dennoch nicht folgen: »Was nutzt es als ein lieber Mensch, solche Empfehlungen zu lesen. Ich sag' mir ›Ach, egal, lass den Einsatz, das kostet doch nur eine Menge Energie, die ich wegen dieses Idioten aufbringen muss. Soll er doch so sein, wie er ist, wenn er's nötig hat ...‹« Was soll ich sagen: Manche Leute sind eben einfach zu nett für diese (Berufs-)Welt. Sybille Satyr ist in dem Sinne leider ein verlorener Fall und ich muss ihr an diesem Punkt einfach widersprechen. Fakt ist: Ein bisschen mehr aggro bringt jede Menge, vor allem Selbstachtung. Darüber hinaus fördert diese Grundeinstellung die Gesundheit – weil man nicht mehr alles in sich hineinfrisst –, bringt einen Zuwachs an Stärke, Selbstwertgefühl und Selbstvertrauen. Und das tut einfach gut. Ich kann Sie nur dazu ermutigen: Trauen Sie sich, aggro zu sein!

Sie sind skeptisch? Sie glauben, Sie haben das nicht drauf, Sie können nicht aggro sein, nicht lernen, sich besser durchzusetzen? Aus meiner zehnjährigen sozialpädagogisch-kriminologischen Arbeit mit Gewalttätern in Deutschland und den USA weiß ich, wie viel Veränderung zum Guten im Menschen möglich ist: Bei Körperverletzern, also Menschen, die viel zu viel destruktive Aggression ausleben, kann das brutale Verhalten signifikant heruntergefahren werden.[9] Die Voraussetzungen für solche Persönlichkeitsentwicklungen, also die Aggressionssteigerung bei den zu Netten sowie die Aggressionssenkung bei den zu Destruktiven, sind dabei identisch. Beide Gruppen brauchen **intrinsische Motivation**, den inneren Wunsch, sich im guten Sinne verändern zu wollen. Diese Änderung soll mit Neugier und Freude geschehen. Sie soll weder unter- noch überfordern.[10] Die Entwicklungspsychologie formuliert dazu passend: Sozialisation ist ein lebenslanger Prozess, das heißt, wir hören nie auf zu wachsen – wir müssen es nur zulassen. Das kann Hoffnungen wecken, selbst bei extrem aggressiven Menschen[11], deren Einstellungen einen zunächst fassungslos machen.

Umkrempeln ist möglich – bei jedem!

Als ich in der niedersächsischen Justiz mit dem Anti-Aggressivitäts-Training Gewalttäter behandelte, begegnete ich dem 22-jährigen Michael Haller. Sein damaliger Berufswunsch: Söldner. Sein Inhaftierungsgrund: versuchter Totschlag mit einem Baseballschläger, den sein Opfer nur knapp überlebte. Die Schlagwirkung des Baseballschlägers hatte Michael Haller zuvor an Tieren erprobt, »um ein besseres Gefühl dafür zu bekommen. Ich will ja niemanden versehentlich töten«, so seine perfide Logik des Bösen. Und nun wäre es bei seinem Opfer doch um ein Haar schiefgegangen. Ist Haller wegen seiner extremen Aggressivität ein hoffnungsloser Fall? Nein. Seine tatkonfrontative Behandlung führte über eine sechs Monate andauernde Einmassierung des Opferleids in seine verrohte Seele.[12] Michael Haller kam dadurch irgendwann ins Grübeln. »Wenn ich mir das Leid meiner Opfer heute anschaue, verliere ich den Spaß an der Gewalt«, so seine Selbsterkenntnis. Er schwor der Gewalt ab und veränderte sich zum Guten.

Diese Einstellungs- und Verhaltensänderung gelang ihm, weil er sich intrinsisch motiviert dafür entschied, zukünftig ein gesellschaftskonformes Leben zu führen. Fast 20 Jahre nach seiner Behandlung schickte er mir folgende Mail: »Hallo Jens, ich habe ein Bild von dir im Netz gesehen. Hoffe, du weißt noch, wer ich bin. Ex-Schläger mit guter Behandlungsbeurteilung. Das letzte Mal, dass wir telefoniert haben, ist ewig her. Ich bin übrigens seit 5 Monaten in Südamerika. Wir bauen hier ein Stahlwerk auf einer der größten Baustellen der Welt. Mein Job hier ist Stahlbauinspektor. Ich beaufsichtige die Arbeiten in der Nachtschicht. Mein Leben hat sich radikal geändert. Ich habe eine Familie, ein altes Haus mit Ostseeblick. Hat es bei dir in Hamburg eigentlich zum Elb-Blick gereicht? *(Nein, Anm. d. Verfassers)* Ich hoffe, es geht dir gut.« Vom Schläger zur Bauaufsicht – eine hoffnungsvolle Entwicklung. Michael Haller münzte seine ehemals kriminelle Energie ins Nachtschicht-Controlling um. Nachtaktiv war er ja schon immer. Ihm gelang damit die Umsetzung aggressiver Energie in kulturell-wirtschaftliche Leistung.

Warum erzähle ich Ihnen das? Nun, weil Michael Hallers Neupositionierung uns allen Hoffnung machen kann: Wenn ihm der Wandel zum Guten gelingen konnte, dann sollte Ihre umgekehrte **Neupositionierung** vom zu hilfsbereiten hin zum liebenswert-bissigen Kollegen ein Kinderspiel sein, oder? *Hart, aber unfair* greift Ihnen dabei gerne unter die Arme. Dabei geht es aber nicht um die Veränderung Ihres Wesens, keine Sorge. Nein, Sie sollen auf jeden Fall so bleiben, wie Sie sind, nämlich ein feiner Mensch! Nur punktuell, wenn es beruflich nötig ist, sollen Sie in Zukunft gezielt Gas geben, Gegenwehr leisten und kluge Schachzüge initiieren. Lernen Sie,

- wie Sie beruflichen Ärger antizipieren und rechtzeitig darauf reagieren,
- wie Sie wichtige Verbündete finden und Gegenspieler auf Distanz halten,
- welche Strategien im Umgang mit Nervensägen, Blendern, Verrücktmachern, Intriganten und Flip-Floppern, also Kollegen und Chefs, die ihr Fähnlein ständig nach dem Wind hängen, helfen,
- was Sie tun müssen, um in der Firma gehört und ernst genommen zu werden und damit niemand Ihre guten Ideen klaut,
- wie Sie ein starkes Beziehungsnetzwerk aufbauen, das Ihnen in schlechten Zeiten zur Seite stehen wird,
- wie Sie dafür sorgen, dass die wichtigen Leute in Ihrem Umfeld Ihre Stärken erkennen und zu schätzen wissen.

Bei alldem kann eine Portion Humor nicht schaden, denn das Thema ist zu ernst, um es staubtrocken abzuhandeln. Es geht darum, lächelnd die Wahrheit zu sagen: Ridendo dicere verum, sagt der Lateiner. Sie treten damit in Goethes Fußstapfen, dessen Mephisto – im Zwiegespräch mit Gott – feinsinnig über die menschlichen Schattenseiten philosophiert:

>»Ein wenig besser würd' er leben
>Hättst du ihm nicht den Schein des Himmelslichts gegeben;
>Er nennt's Vernunft und braucht's allein,
>nur tierischer als jedes Tier zu sein.«

Mephistos Fokus beleuchtet die Schattenseiten der menschlichen Existenz, so wie *Hart, aber unfair* die Schattenseiten des Berufslebens ausleuchtet. Auf das, was Sie dann sehen, können Sie mithilfe dieses Buches pfiffig reagieren. Die dunkleren Seiten würde es nicht geben, wären alle immer teamfähig, nachhaltig, win-win-orientiert und von Kants Kategorischem Imperativ geprägt: »Handle so, daß die Maxime deines Willens jederzeit zugleich als Prinzip einer allgemeinen Gesetzgebung gelten könne.«[13] Was du nicht willst, dass man dir tu', das füg' auch keinem andern zu, sagt der Volksmund zu dem Thema. Aber es verhalten sich nicht alle immer politisch korrekt, denn die »political correctness erschwert und belastet das Alltagsleben, weil ihre Gebote nicht wirklich expliziert werden (...) Keiner weiß genau, was politisch korrekt ist, aber jeder fühlt sich verpflichtet, dementsprechend zu handeln.«[14] Oder besser gesagt: fast jeder!

Würden sich alle im Berufsleben an ein faires Miteinander halten, wäre dieses Buch total überflüssig. Tun sie aber nicht! Dies belegen zum einen die beantworteten Aggro-Fragebögen sowie die unzähligen Gespräche, die ich mit Berufstätigen aus unterschiedlichen Positionen, Firmen und Institutionen zu diesem Thema führen konnte: am Gottlieb Duttweiler Institut für Wirtschaft und Gesellschaft in Zürich, bei Daimler in Stuttgart, am Forum Institut in Heidelberg, am Schranner Negotiation Institute in Zürich, beim Unternehmen Erfolg in München, beim London Speaker Bureau Germany sowie einer

Vielzahl von firmeninternen Veranstaltungen. Zum anderen wissen wir das alle aus leidlicher alltäglicher Erfahrung mit unfairen Kollegen, bissigen Vorgesetzten und anderen Wichtigtuern.

Hart, aber unfair setzt auf **aktiven Opferschutz**: Das Buch erfüllt sozialethische Maßstäbe, weil es Machtinteraktionen und Herrschaftswissen transparent und damit letztlich überflüssig macht. Machtspiele machen wenig Sinn, wenn Sie die Spielregeln durchschauen. Arne Storn, Wirtschaftsredakteur bei der *Zeit,* bringt es in seinem Artikel auf den Punkt: Der Einzelne verliert im Strudel der Machtspiele »den Anstand, die Gesellschaft die Moral – und die Wirtschaft an Wohlstand«.[15] Wer den kooperativen und fairen Entwürfen des Managementdenkers Reinhard Sprenger[16] von einer entbürokratisierten und qualitätsorientierten Berufswelt folgen möchte – und ich hoffe, das sind die allermeisten Leser –, sollte gleichzeitig die hier beschriebenen Schattenseiten des Arbeitslebens im Hinterkopf behalten. Er wird dann nicht über das Unangenehme – oder mit Nietzsche gesprochen »Allzumenschliche« – überrascht sein!

Was Sie lernen sollen

- Sie sollen, bayerisch formuliert, mit den Hinterfotzigkeiten des Berufslebens vertraut werden. Nicht um sie zu praktizieren, sondern um sie frühzeitig zu durchschauen. Beate Lippert, Versicherungsangestellte, wurde zu diesen Überlegungen sogar von ihrer Chefin angestoßen, die sie in eines meiner Seminare schickte: »Ich weiß gar nicht, welche Aggressionsformen ich brauche. Mir gibt es nur zu denken, dass mich meine Chefin gebeten hat, mich dem Thema stärker zu widmen, da sie möchte, dass ich ihr auch bei unangenehmen Aufgaben zukünftig stärker zur Seite stehe.« Diese Initiative zeigt: Die Chefin glaubt an die Ausbaufähigkeit von Beate Lipperts Potenzial! Auch weil Lipperts Potenzial sie zukünftig entlasten soll, indem sie Schwieriges und Nervenaufreibendes an sie delegiert. Potenzialförderung bei Beate Lippert führt so zur Entlastung der Chefin und zu ihrer eigenen Aufstiegsförderung.

- Sie sollen nie wieder auf die beliebtesten Gemeinheiten hereinfallen. Wenn man Ihnen zum Beispiel die hoffnungslosesten Projekte als »innovative Chance« verkaufen will, obwohl jedem im Vorfeld klar ist, dass man daran nur scheitern kann. Oder man Ihnen ausgerechnet den Kunden zur Betreuung nahelegt, von dem alle anderen – nur Sie nicht – wissen, dass der nicht zu betreuen ist, weil er zu den psychischen Grenzfällen zählt.

- Sie sollen sich zukünftig mit einem Grundmisstrauen (die Wissenschaft spricht von pessimistischer Anthropologie) durch die Arbeitswelt bewegen. Bleiben Sie dabei aber stets offen, sich vom positiven Gegenteil überzeugen zu lassen. Sie sollen also in Zukunft Ihre Kolleginnen und Vorgesetzten nach ihrem Handeln und nicht nach ihrem Gerede beurteilen, auch wenn sie Ihnen noch so viel Honig um den Bart schmieren.

Sind Sie bereit für ein bisschen mehr aggro? Alles klar, legen wir los! Ob Sie nach der Lektüre und den Übungen schon über einen ausreichenden Aggro-Faktor verfügen, erfahren Sie mit dem Aggro-Test am Ende des Buchs. Diesen können Sie natürlich immer mal wieder durchführen, um zu sehen, was sich in puncto Aggro-Faktor bei Ihnen getan hat.

KAPITEL 1

WEHREN SIE SICH
ANGEMESSEN:
WERFEN SIE DEN FROSCHKÖNIG
RUHIG GEGEN DIE WAND –
NICHT WEIL SIE AUF DEN
PRINZEN HOFFEN,
SONDERN WEIL IHNEN
DAS GERÄUSCH DES
AUFKLATSCHENS GEFÄLLT!

Über Kakerlaken, Menschen vom Stamme Nimm und die Kalenderwurf-Therapie

Auf der Suche nach dem angemessenen Echo

Irene Herz kocht innerlich. Ihr Lektoratskollege Sebastian Schweizer hat sich schon wieder süffisant über ihre intellektuellen Fähigkeiten geäußert. Irene könnte heulen – und tut es leider auch. Das macht die Situation nicht besser, denn nun kommentiert ihr »Kollege« zu allem Überfluss auch noch ihre übertriebene Dünnhäutigkeit. Maria Hort, Irenes Kollegin, ist da aus härterem Holz geschnitzt. Sie empfiehlt spontan die **Kalenderwurf-Therapie** und Irene Herz setzt diese Empfehlung spontan um. Ohne nachzudenken. Sofort. Ihr gebundener Terminkalender fliegt quer durch das Zimmer und trifft Schweizer mit Karacho im Gesicht. Das hat gesessen! An seiner Wange ist sofort eine leichte Rötung zu erkennen. Im Büro ist es augenblicklich mucksmäuschenstill.

Irene Herz ist einerseits über ihre eigene Courage erschrocken, andererseits freut sie sich tierisch über Sebastians Reaktion, denn der entschuldigt sich nach einigen Augenblicken völlig verdattert dafür, dass er sie mit seinen Provokationen so weit getrieben hat. Schweizer zeigt erstmals Einsicht. Auch Monate später hat er keine weitere Spitze in Irenes Richtung losgelassen. Er scheint kuriert. Vielleicht ist diese Nachhaltigkeit auch Irenes nonverbaler Gestik zu verdanken, denn von Zeit zu Zeit nimmt sie ihren Terminplaner in die Hand und winkt damit lächelnd in Schweizers Richtung. Der versteht die Botschaft.

Das alles wirkt auf den ersten Blick nicht allzu pazifistisch. Soll es auch nicht. Es soll in Ihnen die Freude am Disput wecken, denn die braucht es, um in schwierigen Situationen Paroli bieten zu können. Die Überschrift dieses Kapitels gilt als Ermutigung für Frauen, die unter beruflichem oder privatem Druck stehen. Dass der Kerngedanke aber auch für Männer kompatibel ist, dürfte niemanden überraschen.

Manchmal muss man aggro sein – auch privat

Nicole Lechner studiert in München im achten Semester Marketing. Simon Hermann ist ihr Kommilitone, aber in erster Linie auch ihr Freund, der allerdings schon länger über eine Trennung nachdenkt. Davon weiß Nicole allerdings nichts. Bis er es ihr zum denkbar schlechtesten Zeitpunkt überhaupt offenbart: einen Tag vor ihrer Examensprüfung – bei der sie natürlich prompt durchfällt.

Wochen nach der Trennung treffen sich beide zufällig auf einer Party wieder. Es ist Anfang März, die Nachttemperaturen liegen aber noch bei frischen 4 Grad. Da die beiden im selben Ort wohnen und Simon getrunken hat, bietet Nicole ihm eine Mitfahrgelegenheit an. Er freut sich über diese versöhnliche Geste, sagt »Du bist doch hoffentlich nicht mehr sauer« und nimmt dankend an. Sie fährt eine vermeintliche Abkürzung durch den Wald – und setzt ihn dort mit vorwurfsvollen Worten aus. Mitten auf der Strecke, mehr als zehn Kilometer schönste Natur und vor allem Dunkelheit in beide Richtungen. Simon steigt nach der Schimpftirade fassungslos, aber freiwillig aus.

Nicole setzt die Fahrt alleine, lächelnd und mit einem tiefen Gefühl der Befriedigung fort. Sie hat das Heft des Handelns wieder in die Hand genommen. Sie denkt: Bei der kleinen Nachtwanderung hat Simon genug Zeit zur Reflexion darüber, wie er ihrem universitären und damit auch beruflichen Werdegang durch sein unsagbar mieses Trennungs-Timing massiv geschadet hat. Sie fühlt sich nach dieser Aktion unendlich viel besser, weil sie die Opferrolle verlassen hat, ohne Simon substanziell zu schaden. Den Denkzettel vergisst er bestimmt sein Lebtag nicht! Das ist Balsam für Nicoles Psyche und die Gefahr, ein Schäfchen-Typ zu werden, mit dem man alles ohne Echo machen kann, scheint für sie ein für alle Mal gebannt.

Ich weiß, ich habe am Anfang des Buchs gesagt, Sie sollen privat so bleiben, wie sie sind. Aber das bedeutet ja nicht, dass man sich im Privaten von Hinz und Kunz unterbuttern lassen soll. Schon gar nicht, wenn das Private die berufliche Entwicklung derart gefährdet. Nein, auch hier trifft man von Zeit zu Zeit auf Menschen, denen man ruhigen Gewissens Paroli bieten kann, soll und muss! Wenn Sie mich fragen: Meine Sympathie hat Nicole Lechner für die gelungene spontane Racheaktion. Ihre auch?

Sich angemessen wehren zu können ist für jeden von uns wichtig und natürlich ist es für jeden von uns eine Herausforderung, das angemessene Echo zu definieren. Manchmal kann es im Berufs- oder Privatleben sogar entscheidend sein, Grenzen zu ziehen und Fehlentwicklungen frühzeitig auszubremsen, damit man gar nicht erst ins falsche Fahrwasser gerät. Dieser Gedanke muss Katharina Habermann, Mitarbeiterin eines Stuttgarter Medienunternehmens, dazu bewogen haben, mir die korrigierte Fassung des Froschkönigs zukommen zu lassen.

Froschkönig reloaded

Es war einmal in einem weit entfernten Land eine wunderschöne, unabhängige und selbstbewusste Prinzessin. Eines Tages sieht sie einen Frosch in einem Biotop auf der Wiese unweit ihres Landsitzes. Der springt mutig in ihren Schoß und flüstert:

»Schöne Frau, einstmals war ich ein hübscher Prinz – bis mich eine böse Hexe verzaubert und mit diesem Fluch belegt hat. Ein Kuss von dir und ich werde als schmucker junger Prinz dir zu Diensten sein. Dann, Liebste, können wir heiraten, ins Schloss meiner Mutter ziehen, wo du mir Mahlzeiten bereitest, den Haushalt führst, unsere Kinder liebst und sie großziehst, damit wir glücklich sind bis ans Ende unserer Tage.«

Liebevoll nimmt die Prinzessin den Frosch mit sich.

Den Abend verbringt sie dennoch allein, mit einem Glas Chardonnay – und Froschschenkeln in einer leichten Zwiebel-Weißwein-Soße.

Die Prinzessin hat antizipativ gehandelt und den etwas altmodischen Lebensentwurfs des vermeintlichen Prinzen im wahrsten Sinne des Wortes »seziert«. Eigeninitiative zeigen, bevor man zum Opfer werden kann, ist aus Sicht der Viktimologie von zentraler Bedeutung.

Die **Viktimologie**, also die Opferlehre, ist das Teilgebiet der Kriminologie, das die Stellung von Opfern in der Gesellschaft untersucht.[17] Täter und Opfer im Berufsleben werden dabei als sich ergänzende Personen in einer Interaktion begriffen, die das Opfer natürlich nicht will, die es aber zum Guten oder zum Schlechten mit beeinflussen kann. So wie Nicole Lechner, welche die Schuld für die Trennung bei sich selbst hätte suchen können, bis ihr Selbstbewusstsein erschüttert gewesen wäre, oder sich auf das fiese Trennungs-Timing ihres Ex-Freunds konzentriert hätte. Doch sie ließ keine Selbstzweifel aufkommen und erteilte ihm selbstsicher eine kleine Abreibung. Die ist für ihren Ex-Freund unschön, für Nicoles Psyche aber sehr stabilisierend.

Die Viktimologie unterteilt den Prozess des Opferwerdens in drei Kategorien:

- Die **primäre Viktimisierung,** das heißt die Opferwerdung im unmittelbaren Zusammenhang mit einer beruflichen Tat: Es wird einem der USB-Stick mit der wichtigen Präsentation kurz vor Vortragsbeginn entwendet, man wird über Monate hinweg fies gemobbt oder aus Konkurrenzgründen zu Unrecht beschuldigt und in ein schlechtes Licht gerückt. Primärschäden wie Ängste, Unsicherheiten oder psychischer Schmerz sind dabei vorprogrammiert. Ein Frauenteam aus dem Saarland nahm das billigend in Kauf. Auf die Frage »Nennen Sie eine bissige oder böse Tat, die Sie im Job erlebt oder begangen haben« antworten sie: »Einen statushohen, uns alle nervenden Ellenbogenkarrieristen in unserem Technologieunternehmen haben wir mit unserem hausinternen Frauennetzwerk gemobbt, sodass er seine Reputation verlor und nicht mehr als ›straight‹, sondern nur noch als ›chauvinistisch‹ galt und damit – nach dem Ethikcode unseres Unternehmens – für den Aufstieg disqualifiziert war.« Das Netzwerk hatte vielstimmig erklärt, dass er unterschwellig sexistisch agieren würde. Mehr primäre Viktimisierung geht nicht. Das wissen auch die befragten Frauen und versuchen daher, ihr Handeln als »notwendiges Mittel im Kampf gegen einen männlichen Karrieristen« schönzureden. Die Kriminalsoziologie spricht bei diesen Schutzbehauptungen von »Neutralisierungstechniken«, um Schuld- und Schamgefühle zu vermeiden.[18]

- Die **sekundäre Viktimisierung** entsteht durch die Fehlreaktionen des sozialen und beruflichen Umfelds, bis hin zum Arbeitgeber, das dem Opfer eine vermeintliche Mitschuld unterstellt: »Der hat doch selber schuld, wie der auftritt, so vordergründig souverän, so gewagt humorvoll, irgendwie ist der nicht distanziert genug, kein Wunder, dass sich die Frauen von dem belästigt fühlen«, so das Feedback, das unser gemobbter Technologiemitarbeiter von seinem Umfeld zu hören bekam. Im Fachjargon spricht man von **Blaming the victim**, zu Deutsch Opferschelte: Es wird versucht, einen Teil der Täterschuld auf das Opfer abzuwälzen, auch weil sich die Mitarbeiter vielleicht nicht eingestehen mögen, dass

Netzwerke im eigenen Hause derart fies agieren können. Wissenschaftlich klingt das so: »Die Gesellschaft entwickelt seltsame Einstellungen gegenüber dem Opfer: sie stigmatisiert es.«[19] So kann es »sehr leicht zu einer Reviktimisierung kommen: durch die Gleichgültigkeit der Umwelt, das Infragestellen der Schuldlosigkeit oder den Rückzug bei Personen des nahen Umfeldes«.[20]

- Die **tertiäre Viktimisierung** beinhaltet die Gefahr der dauerhaften Integration der Opferrolle in die Identität des Gedemütigten. Studentin Nicole hat dem durch ihre Racheaktion erfolgreich vorgebeugt. Bei unserem Mann aus dem saarländischen Technologieunternehmen sieht die Sache anders aus: Ihn plagen Ängste, Wut, Depression. Er fühlt sich hilflos, versteht die Welt nicht mehr und es kommt zum sozialen Rückzug, sodass eine Spirale in Gang gesetzt wird, bei der er meint, zu Recht Opfer geworden zu sein, »wegen meiner Art«, so unser Karrieremann. Hier entsteht die akute Gefahr einer Selffulfilling Prophecy.

Sie werden mir zustimmen: Um nicht in derartige Schieflagen zu geraten, ist es wichtig, sich angemessen wehren zu können, sich nicht von zu kritischen Kollegen ins Bockshorn jagen oder aussaugen zu lassen. Bei Letzteren spricht man von **Energievampiren** oder Menschen vom Stamme Nimm. Das sind Kollegen, die einem auf die Nerven gehen, weil sie Zeitfresser sind, weil sie nicht zielführend arbeiten, weil sie einen niedermachen, schlecht behandeln und herumnörgeln, im Flurfunk die Firma runtermachen, sodass ein demotiviertes Betriebsklima entsteht – und man selbst kaum mehr dazukommt, seinen Job zu erledigen. Die Autorin Meike Müller empfiehlt, diese Kollegen an der kurzen emotionalen Leine zu führen: »Machen Sie es dem Energievampir nicht zu nett. Vielleicht steht in Ihrem Büro ein bequemer Stuhl und Sie begegnen Besuchern mit einem freundlichen Lächeln? Das ist die reinste Einladung ... Ein

Energievampir tritt ein, Sie greifen zum Telefon oder stehen gerade auf, um aus dem Raum zu gehen. So läuft Ihr ungebetener Gast buchstäblich ins Leere.«[21] Sie werden in einem späteren Kapitel erfahren, wen Sie gewinnen müssen, um Ihren beruflichen Status zu halten oder voranzukommen, und vor allem, wie Sie überzeugend in Ihrem beruflichen Umfeld auftreten können, sodass man gar nicht erst auf die Idee kommt, Sie schlecht zu behandeln.

All diese Kenntnisse sind im Grunde überflüssig,

- wenn Sie konfliktfrei in einem ordentlich strukturierten und fairen, win-win-orientierten Umfeld arbeiten,
- wenn Sie alle Ihre Aufgaben bewältigen können, weil sie seriös mit Ihnen abgestimmt wurden, und
- wenn Sie rücksichtsvolle Kollegen und motivierende, empathische Chefs haben.

Trifft einer oder mehrere dieser Punkte auf Sie zu, haben Sie dieses Buch zum Glück umsonst gekauft, denn Sie haben ein Berufsleben wie aus dem Bilderbuch. Vergeuden Sie dann bitte nicht Ihre wertvolle Lebenszeit. Legen Sie das Buch beiseite – oder noch besser: Schenken Sie es einem Menschen, der es wirklich brauchen kann.

Sollten Sie aber in einem Unternehmen tätig sein, in dem Arbeitsplätze abgebaut werden, die Hierarchie unklar ist, die Entscheidungsprozesse verwirrend sind, das gerade umstrukturiert wird oder mit einem anderen Unternehmen fusioniert, dann riecht das nach beruflichem Konfliktstoff, der vor Ihrem Schreibtisch garantiert nicht haltmachen wird. In solchen Konstellationen kann Ihr Berufsleben in Spannungen geraten. Die Würfel werden neu gemischt, das bedeutet, es werden verblüffende Mitarbeiterinteraktionen stattfinden. Wenn Sie dann auch noch von Blendern umgeben sind, die nur auf ihren eigenen Vorteil bedacht sind, wird es kritisch. Außer Sie durchschauen und erkennen diese Typen frühzeitig – meist sind es Männer: »Der Blender ist eine Erscheinung, die habituell auffällig ist – und die trotzdem mit ihren Aufschneidereien viel zu oft durchkommt. Der Blender kann nämlich auch ziemlich nett sein. Er weiß immer, welche Knöpfe er drücken muss, um andere für sich arbeiten zu lassen. Zum Beispiel, indem er lobt oder auch einfach nur äußerlich einnehmend ist.«[22] Manchmal kommt der Ärger aber auch von weniger offensichtlicher Seite, also von Kollegen, von denen Sie es nicht erwartet haben. Dagegen sollten Sie gewappnet sein. Schützen Sie sich also vor dem **»süßen Gift der Harmoniekultur«**[23], in der man fälschlich hofft, dass schon alles gut gehen wird oder sich die dunklen Wolken durchs schlichte Ignorieren verziehen. Wie das geht, erfahren Sie noch.

Sie brauchen das Know-how aus *Hart, aber unfair,*

- wenn Sie zu nett und zu freundlich für diese Welt sind,
- wenn Sie nicht Nein sagen mögen,
- wenn Sie aus lauter Harmonieduselei Kaffee kochen, anstatt zu sagen, wo es aus Ihrer Sicht langgehen sollte,
- oder wenn Sie das Gefühl haben, dass Sie seriöse bis überdurchschnittliche Leistungen erbringen, aber dennoch nicht gefördert werden.

Letzteres kann Gründe haben, die uns ohne große Umschweife der Münchner Händler Reinhard Pahlmann offenlegt.

Blick hinter die Kulissen: berechnende Chefetage

»Warum sollte ich meinen Stellvertreter fördern? Der arbeitet spitze und bringt exzellente Leistungen. Den werde ich nie fördern, obwohl er es verdient hat«, gibt Reinhard Pahlmann unumwunden zu und liefert gleich eine Erklärung nach. »Wenn ich den fördere, zieht er mit mir im beruflichen Status gleich, vielleicht sogar an mir vorbei. Der ist dynamisch. Auf jeden

Fall ist er dann als mein Helfer weg. Und sein möglicher Nachfolger? Der ist vielleicht leistungsschwach. Dieses Risiko werde ich auf keinen Fall eingehen! Deswegen wird mein Stellvertreter so lange bei mir arbeiten, wie ich das irgendwie beeinflussen kann. Ich werde mich natürlich um ihn kümmern. Er kann bei Problemen unter meinem Rettungsschirm Schutz finden. Aber weiter kommt er nicht, außer wenn ich aufsteige, dann nehme ich ihn natürlich mit. Der Mann ist Gold wert!«

Meinen Hinweis, dass Qualität sich letztlich durchsetzen wird und über kurz oder lang auch andere den Fleiß des Stellvertreters entdecken werden, lässt er nicht gelten. »Das geht ganz einfach: Ich kenne ja die Kollegen aus dem Handel von unseren Branchentreffen. Bei Begehrlichkeiten und Abwerbungsangeboten streue ich informell bei den anderen, dass der Umworbene zwar absolut top sei, aber nur solange die Chemie zwischen ihm und der Leitung stimmt. Sei das nicht der Fall, könne er sich zu einem ausgefuchsten Querulanten entwickeln. Einem interessierten Kollegen, der gerade in Scheidung lag, habe ich gesagt: ›Der wird dann schlimmer als deine Ex.‹ Das Gros der Kollegen winkt dann natürlich sofort ab und sagt: ›Dann behalte den mal.‹ Und das tue ich auch.«

Vor diesem Hintergrund verwundert es nicht, wenn der Handelsvertreter Mustafa Strohak auf die Frage »Welche Interaktionsformen verachten Sie an Ihrem Arbeitsplatz?« antwortet: »Wenn im Vorfeld um Pöstchen gekungelt wird, sodass man von vornherein keine Chance hat, den Job zu bekommen.« Es ist einfach wichtig, derartige **Interaktionsrituale**[24] zu durchschauen, um sich besser vor Ellenbogenkollegen und unfairen Chefs zu schützen und dabei noch zur richtigen Work-Life-Balance zu finden. Eigene kleine oder große Erfolge zu erarbeiten und zu erhalten verlangt von uns allen eine Marathonkondition. Und dafür muss man eben hart trainieren.

Der britische Journalist und Buchautor Roger Boyes definiert den Umgang mit dem beruflichen Marathon auf seine

Art. Den freien Mitarbeitern seiner Redaktion empfiehlt er die **Sakko-Methode**. Und die geht so: »Man hat immer ein Reserve-Sakko im Büro. Wenn man dann mal ein bisschen Zeit für sich will, hängt man einfach dieses Sakko über die Lehne seines Bürostuhls, um den Eindruck zu erwecken, man hätte nur kurz seinen Arbeitsplatz verlassen für eine wichtige Besprechung oder dergleichen. Tatsächlich schlüpft man aber in sein eigenes Jackett und entflieht dem Geplappere der klimatisierten Büroräume, hinaus in die wirkliche Welt ...«[25] Auszeiten sind nötig, um Luft zu holen oder um zum kreativen Schlag auszuholen.

Wer sich gegen Überforderungen wehren will und wehren muss, um weiteren Übervorteilungen vorzubeugen, der braucht neben der Marathonkondition auch **Einsteckerqualitäten**, da Veränderungsversuche – wir wissen es alle – selten uneingeschränkte Begeisterung auslösen. Wenn Sie Ihre nette Schäfchen- oder Duckmäuserhaltung verlassen, werden Sie für alle sichtbar unbequemer und weniger pflegeleicht, da Sie als emotionaler Mülleimer oder Schuttabladeplatz für ungeliebte Arbeiten jetzt schließlich nur noch begrenzt taugen. Was für Sie natürlich super ist – für die Ausbeuter in Ihrem beruflichen Umfeld ist das im Umkehrschluss aber mehr als ärgerlich. Und diesen Ärger, darauf können Sie Gift nehmen, wird man Sie auch überdeutlich spüren lassen. Alles in der Hoffnung, Sie knicken wegen dieses ungewohnten Drucks wieder ein und fallen in das alte, für alle anderen bequemere Muster zurück. Doch das werden Sie nicht, weil Ihnen dabei (bald) eine gehörige Portion Einsteckerqualität hilft. Daher die zunächst wenig schmeichelhaft klingende Empfehlung: Mutieren Sie von Everybody's Darling zu einer New Yorker Kakerlake. Diese Mutationsempfehlung ist aufgrund ihrer eingeschränkten Ästhetik für Männer starker Tobak und für Frauen kaum zumutbar – aber sie macht Sinn, wie Sie dem folgenden Beispiel entnehmen können. Sie können sich aber auch gerne ein anderes robustes Tier vorstellen, wenn Sie sich vor Kakerlaken allzu sehr ekeln. Mein Verständnis haben Sie.

Kakerlaken sind unkaputtbar: Werden Sie es auch!

Der Berliner Manuel Reiss sammelt seine ersten Berufserfahrungen bei einer New Yorker Non-Profit-Organisation. Finanziell ist seine Lage angespannt. Als Berufsanfänger mit Praktikantenstatus ist eben nicht viel zu verdienen. Deswegen hat er sich vorübergehend im Hotel Amsterdam in der Lexington Avenue, parallel zum Broadway, eingemietet. Das Hotel ist billig, heruntergekommen und die Zimmertür verfügt über fünf Schlösser, die Manuels Sicherheitsgefühl jedoch eher schwächen als stärken. Ein deutscher Kollege mit längerer New-York-Erfahrung empfiehlt Manuel ein Acht-Punkte-Programm zum Leben in solchen Absteigen:

1. Bevor du im Hotel eincheckst, geh zu McDonald's und trinke vier Coca-Cola.
2. Wirf die Cola-Becher nicht weg, nimm sie mit!
3. Geh jetzt in dein Hotelzimmer.
4. Schließe alle Schlösser der Zimmertür sorgsam ab.
5. Zieh das Bett ein Stück von der Wand weg.
6. Fülle jetzt die Pappbecher randvoll mit Wasser.
7. Stell die Bettpfosten in die Becher.
8. Nun der letzte Schritt: Ausziehen, Schlafanzug an und – ganz wichtig – Schuhe anbehalten!

Manuel findet zwar manche der Anweisungen mehr als kurios, aber was soll's – er hält sich akribisch daran.

Es wird Nacht in New York. Die Leuchtreklame blinkt durch die trüben Scheiben ins Hotelzimmer. Und schon bald hört Manuel es: das Scharren der Cockroaches, der Kakerlaken. Für europäische Verhältnisse sind es unglaublich viele. Hundertschaften. Sie schwärmen aus, verdunkeln den ohnehin schon düsteren, versifften Teppichboden um weitere Nuancen. Manuel kann das Treiben beobachten: Die Kakerlaken kommen unter der linken Bodenleiste hervor, krabbeln quer durch das Zimmer und verschwinden wieder unter der rechten Zimmerleiste. Aber nicht alle! Einige krabbeln zielstrebig auf die Bettpfosten zu, klettern an den Pappbechern hoch, ertasten das Wasser – und treten sofort den Rückzug an. Wasser mögen sie nicht. Puh, Glück gehabt! Doch einige wenige Kakerlaken tummeln sich weiterhin munter im Zimmer, während ihre Artgenossen schon längst das Weite gesucht haben. Jetzt wird Manuel klar, warum er mit bloßen Füßen verloren hätte. Denn nun heißt es vorsichtig aufstehen, einer der übrigen Kakerlaken folgen – und mit voller Wucht drauftreten. Richtig fest! Das will man mit nackten Füßen nicht machen ... Dann den Fuß heben und das Ergebnis bestaunen. Das Verblüffende: Die Kakerlake lebt! Die bekommt man ganz schwer tot, die rennt einfach weiter!

Und die Moral von der Geschicht'? Ganz einfach: Sie sollen genauso unkaputtbar werden wie die New Yorker Kakerlake. Egal wie oft und wie fest jemand auf Sie drauftritt – Sie gehen deswegen nicht kaputt. Das nennt man Einsteckerqualitäten! Überlegen Sie mal, wie nahe Sie einer Kakerlake schon kommen ... Da ist noch Luft nach oben, oder? Damit wir uns hier nicht falsch verstehen: Sie sollen Fußtritte natürlich nicht einfach erdulden. Nein, nein. Sie werden lernen, sie wegzustecken, um dann – ganz entspannt – zum effektiven Gegentritt auszuholen. Und Sie sollten Tritte niemals vergessen. Niemals. Und vergessen Sie auch nie: Man trifft sich immer zweimal im Leben.

Wer die nette Rolle des Schäfchen-Typs verlassen will, sollte ein seismografisches Gespür für drohenden Ärger entwickeln. Nehmen wir an, dass einer Ihrer Kollegen Ihre Ideen als seine eigenen verkauft. Um im Kakerlakenbild zu bleiben: Er holt aus und tritt volle Kanne auf Sie drauf. In diesem Moment können Sie zwei Reaktionen zeigen. Entweder lassen Sie es mit sich machen, erdulden den Tritt, warten, bis der Schuh sich löst, krabbeln verletzt davon – und lamentieren im Nachhinein oder zu Hause über diese elende Ungerechtigkeit. Klar, kann man machen, ist menschlich auch vollkommen in Ordnung. Sie haben schließlich allen Grund, zu lamentieren. Ich persönlich halte diese Reaktion allerdings für wenig sinnvoll, denn solche Ungerechtigkeiten liegen einem lange schwer und unverdaulich im Magen. Die weitaus bessere Alternative ist: Sie stecken den Tritt ein und entwickeln eine Gegenstrategie. Nach Aussage eines Stuttgarter Autogewerkschaftlers darf die auch schmerzhaft sein, denn »man muss kämpfen, jeden Tag, sonst kommt man nicht weiter«.[26]

Und wie macht man das am besten? Vor allem macht man so etwas nie allein, denn als »Einzeltäter« stehen Sie klar auf verlorenem Posten! Im Klartext: Sie suchen sich starke Partner, Kolleginnen, Mitarbeiter und Chefs, die Sie gut kennen und zu denen Sie ein solides Verhältnis haben. Sie berichten ihnen von Ihrem Problem – was an sich schon gut tut – und sammeln im Brainstorming Ideen, wie man angemessen reagieren könnte. Über die besten Ideen denken Sie gründlich nach, schlafen ein bis zwei Nächte darüber – und wenn Sie die Ideen dann immer noch gut finden, setzen Sie sie um.

Wenn das Maß voll ist, wird es Zeit für eine Retourkutsche

Sebastian Anhalt, Nachwuchs-Controller in der Chemiebranche, wittert beruflichen Ärger: Er sieht sich mit einer kniffligen Sache konfrontiert. Auslöser der Konfliktsituation ist das kontraproduktive Verhalten seines Kollegen Hajo Plewik. Plewik ist ein aalglatter, selbstgefälliger Kollege, der für seine Flapsigkeiten bekannt ist, die man ihm aber häufig aufgrund seiner Fachkompetenz nachsieht. Bei Sebastian Anhalt hat er den Bogen aber nun überspannt.

Sebastian Anhalt revanchiert sich: Er lanciert einen schwammigen und daher unlösbaren Auftrag an den unliebsamen Kollegen. Plewik durchschaut die Finte nicht, verzweifelt, weil er keine Lösung für die Aufgabe findet, und gibt die Sache unerledigt ans Team zurück. Diesen Misserfolg lässt Sebastian nun im Team ausführlich thematisieren. Dabei hilft ihm sein Kollegennetzwerk, das Hajo Plewiks Fehlverhalten genüsslich seziert. Dieser fühlt sich auf Zwergenformat zurechtgestutzt und backt erst einmal kleinere Brötchen. Fachlich gesprochen wurde Hajo Plewik Opfer einer **Statusreduzierung**, wobei es hier definitiv den Richtigen getroffen hat, denn seine Illoyalität hat schon manchen Kollegen gegen die Wand fahren lassen. Daher war es für Sebastian Anhalt leicht, Mitspieler für diese Aktion zu finden.

Für seine Retourkutsche brauchte Sebastian Anhalt konkret folgende Zutaten: die Gegenspieleranalyse, Fachkenntnisse, ein verlässliches Netzwerk sowie Zugang zu den Statushohen im Unternehmen. Das richtige Mischungsverhältnis dieser Zutaten und wie Sie sie erhalten, erfahren Sie später noch. Im Fragebogen hat Sebastian Anhalt auf die Frage nach Erwartungshaltungen an den Aggro-Faktor übrigens gesagt: »Ich will auch etwas über Konkurrenzverhalten erfahren.« Das scheint gelungen zu sein.

Gegentritt mit Rückendeckung

Christiane Gerber, angehende Account-Managerin in einem norddeutschen männerdominierten Ölunternehmen, verschafft sich nicht mehr selbst in Meetings Gehör. Das war bisher für sie immer recht mühselig, denn es war ihr kaum möglich, die ungeteilte Aufmerksamkeit ihrer Kollegen zu gewinnen. Sie hörten nicht zu, spielten mit ihren Smartphones herum, unterhielten sich ... Als Frau stand sie in diesen Meetings stets auf verlorenem Posten.

Ihr Gegentritt: Sie bat befreundete statushöhere Kollegen oder Vorgesetzte, ihr das nötige Gehör zu verschaffen. Ihr Chef sagt dann etwa: »Meine Herren, bitte konzentrieren Sie sich auf die Ausführungen von Frau Gerber.« Er ruft die anderen also zur Ordnung. Alle werden jetzt konzentrierter sein, ihre Smartphones ausschalten und ihrer Kollegin die angemessene Aufmerksamkeit schenken. Die Wissenschaft sagt, die Herren sind jetzt sekundär motiviert. Christiane Gerber findet das als Grundmotivation für ihren Auftritt völlig ausreichend.

Die Förderung **sekundärer Motivation** bei Männern könnte auch für Heidy Erne, Mitarbeiterin in der Autobranche, zielführend sein. Sie antwortet im Aggro-Fragebogen: »Mich interessieren die Muster männlicher Verhaltensweisen in der Geschäftswelt und insbesondere ihr Verhalten gegenüber Frauen im Beruf und wie ich mich in meiner männlich dominierten Branche besser behaupten kann.« Unsere angehende Account-Managerin Christiane Gerber hat es richtig vorgemacht, denn ohne statushohe Verbündete können Sie im Strudel der alltäglichen kleinen Interaktionen schnell untergehen. Hilfe wird Nicht-Vernetzten kaum widerfahren, denn sie gelten als Personen, die sich keine Mühe geben, um andere zu werben. Da hilft auch der Einwurf wenig, man sei eben zurückhaltend, wolle nicht aufdringlich oder anbiedernd erscheinen. Noch einmal: Als Einzelkämpfer stehen Sie im Berufsleben auf verlorenem Posten.

Noch ein Praxistipp für die Leserinnen, die vielleicht etwas näher am Wasser gebaut haben: Sollte Ihnen einmal ein selbstgefälliger Kollege ein vernichtendes Feedback geben, das so aggressiv und gemein rüberkommt, dass Sie heulen könnten – tun Sie es nicht! Schlucken Sie die Tränen hinunter, atmen Sie durch und sagen Sie ihm eiskalt: »Mein lieber Mann, das war jetzt aber ein ganz schön hartes Feedback – aber jetzt versuchen Sie das noch mal richtig, wie ein echter Kerl, okay?!« Ich versichere Ihnen, diesem Kollegen wird die Kinnlade herunterfallen – und Sie werden sich super fühlen. Der wird Sie nie wieder attackieren (andere übrigens auch nicht, denn so etwas spricht sich herum), denn es nagt am Selbstbewusstsein von Männern, wenn sie als Löwen starten und als Bettvorleger enden. Nach so einem Auftritt würde Beate Rorschach, Verwaltungskraft in einer Krefelder Behörde, sicher nicht mehr auf die Frage nach ihren Wünschen zum Aggro-Faktor antworten: »Ich fühle mich häufig zu wenig schlagfertig, sodass mir erst nach einem Gespräch einfällt, wie ich dem eine Wende hätte geben können.« Beate Rorschach hat sich bisher leider keine Schlagfertigkeiten zugelegt, die so allgemein gehalten sind, dass sie sie in jeder beliebigen Berufssituation anwenden kann. Wenn Sie sich so fühlen wie Beate, lohnt es sich, Ihre Schlagfertigkeit zu trainieren. Dabei schützt Schlagfertigkeit nicht nur vor kollegialen Belästigungen. Das beweist der Übersetzer Harry Rowohlt, den öffentliche Telefonate tierisch nerven. Er habe entdeckt, was man gegen Handybesitzer unternehmen kann, die unmittelbar neben einem sitzen und mit ihren privaten oder dienstlichen Wichtigtuereien nerven. Man geht ganz nah an sie ran und flüstert ins Telefon: »Komm zurück ins Bett, mir ist kalt.« Humor hat der Mann und den kann man gut bei nervigen oder demotivierenden Auseinandersetzungen gebrauchen, denn die haben es zum Teil in sich.

Schäfchen-Typen werden unter anderem deswegen mit Arbeit beladen, weil sie es den anderen so leicht machen und nie aufmucken oder murren. Das Wörtchen »Nein« scheint in ihrem Vokabular schlicht nicht vorhanden zu sein – zur Freude der anderen. Schäfchen-Typen kritisieren die starke Belastung nicht, der sie wiederholt ausgesetzt sind, sondern betteln sogar unbewusst um noch mehr Arbeit mit Schäfchen-Floskeln wie:

- »Kein Problem, das schaffe ich schon.«
- »Nein, ich will nicht früher gehen.«
- »Ja klar, heute noch.«
- »Ja, das mache ich einfach übers Wochenende.«
- »Ja, das sehe ich ein.«
- »Einer muss es ja machen.«
- »Ja, ich weiß, dass ich das am besten kann.«
- »Wird erledigt.«

Fühlen Sie sich ertappt? Haben Sie sich einen oder mehrere dieser Sätze schon einmal sagen hören? Gehören Sie zu diesen hundertprozentig Strebsamen? Ihr Chef kann sich freuen – und viele Ihrer fiesen Kollegen auch, denn die haben jetzt viel weniger Arbeit und Stress. Klar, mit einem solchen Verhalten gelten Sie als sympathisch, sollten aber in puncto Karriere illusionsfrei bleiben, denn gerade wegen der anpassungsfähigen Leistungsbereitschaft wird der Schäfchen-Typ nur selten befördert. So … wie kommt man jetzt aus der Nummer wieder heraus? Das geht nur über das Zurückschrauben der eigenen Leistungsbereitschaft. Das wird hart für Sie als Schäfchen-Typ, denn Sie werden sicher oft ein schlechtes Gewissen dabei haben. Halten Sie aber unbedingt durch, es lohnt sich!

Schäfchen-Typen müssen:

- in letzter Konsequenz etwas weniger präzise arbeiten,
- nur mürrisch etwas zusagen,
- keinen vorauseilenden Gehorsam zeigen und
- immer einen Tick zu lange für die Arbeit brauchen (immer so, dass es gerade noch okay ist).

Glauben Sie mir, diese neue Haltung wird ihre Wirkung nicht verfehlen. Sie verlieren Ihren Status als erste Anlaufstelle für Sachen, die noch schnell erledigt werden müssen und für die sich kein anderer Dummer findet. Das soll Ihnen doch nur recht sein! Diese Zurückhaltung konsequent durchzuhalten fällt dem Schäfchen-Typ allerdings schwer, weil er sehr korrekt, sehr gewissenhaft und sehr lieb ist. Ein wenig Lob von oben und er läuft Gefahr, wieder einzuknicken und bis an den Rand des Burn-out (für andere) zu arbeiten. George R. Bach und Herb Goldberg warnen in ihrem Buch *Keine Angst vor Aggression* davor:

> »Wenn also aggressive Kommunikation in zwischenmenschlichen Beziehungen (...) blockiert und zurückgedrängt wird, schließen wir in Wirklichkeit einen unrealistischen, unehrlichen Vertrag mit den Mitmenschen. Wir sagen damit nichts anderes, als ›Du tust so, als ob solche Gefühle und Impulse nicht in mir existieren, und ich tue so, als existierten sie auch nicht in Dir.‹«[27]

Als Schäfchen-Typ müssen Sie lernen, Nein zu sagen, um Grenzen für Ihren Arbeitseinsatz und Fleiß zu ziehen und Ihre Gutmütigkeit nicht ausnutzen zu lassen. Wer das nicht kann, wird weder unberechtigten Anliegen eine Absage erteilen noch sich gegen Widerstände behaupten können. Durchsetzungsstärke bedeutet nicht, dass Sie einen Arbeitsprozess umsetzen, dem sowieso schon alle zustimmen. Durchsetzungsstärke beginnt, wo Sie ausgebremst werden und wo es im Vorfeld schon nach Ärger riecht. Die gute Nachricht lautet: Nein-Sagen kann man lernen und wie so oft macht Übung den Meister. Es gilt die Faustregel: Üben Sie das Nein-Sagen bei Kleinigkeiten, damit Sie es sich später auch im Großen trauen.

Wie Sie Menschen vom Stamme Nimm ausbremsen

Kennen Sie solche Menschen? Kollegen, die zwischendurch zu einem kommen, viel reden, aber nicht viel sagen, und einem eigentlich nur wertvolle Arbeits- und Lebenszeit stehlen? Man fragt sich ständig, wieso die eigentlich so viel Zeit haben, wo doch der eigene Schreibtisch überquillt. Im Grunde gehen sie einem auch tierisch auf die Nerven, weil sie nicht zielführend arbeiten, alle anderen ablenken oder herumnörgeln, sodass man gar nicht dazukommt, seinen Job zu erledigen. Und ständig bitten sie um einen Gefallen, den man als Teamplayer natürlich nicht ausschlägt. Aber wenn man selbst mal Hilfe und Unterstützung benötigt, hat dieser Menschenschlag ein geschlossenes Zeitfenster. Das heißt, Menschen vom Stamme Nimm nehmen gerne und selbstverständlich – aber sie geben nie etwas zurück. Fair ist was anderes.

Bodo Hattinger, Mitarbeiter eines Hamburger Versicherungsunternehmens, hat in seinem Kollegenkreis auch einen solchen Kandidaten: Mathias Sorges. Er ist der ideale »Partner« für seine Nein-Übung. Als Sorges sein Büro betritt, nickt ihm Hattinger, der am Laptop gerade ein Schriftstück verfasst, nur kurz zu. Mehr Beachtung schenkt er ihm nicht. Er kennt seinen Pappenheimer. Sorges geht auf ihn zu und fragt: »Herr Hattinger, könnten Sie mich beim Jour fixe am Donnerstagmorgen vertreten?« Das wäre im Grunde kein Problem. Hätte Sorges ihn nicht bei ähnlichen Anfragen schon mehrmals kurzfristig im Regen stehen lassen – voller Terminplan, leider, leider. Bodo hat das nicht vergessen. Völlig gelassen tippt er daher immer noch an seinem Exzerpt, ohne Sorges besondere Aufmerksamkeit zu schenken. Unvermittelt sagt er nur ein Wort: »Nein.« Er schaut kurz auf, fixiert Sorges und holt zum finalen Schlag aus: »Und überlegen Sie einmal ganz genau, warum Nein.« Dann schreibt Hattinger konzentriert weiter.

Aus den Augenwinkeln kann er erkennen, wie Sorges von einem Bein aufs andere wankt, von links nach rechts, von rechts nach links, wie ein Autist. Warum tut er das? Ganz einfach: Er ist auf der Suche nach seinem Standpunkt. Das Nein bringt ihn aus dem Gleichgewicht, und das drückt er durch seine wankende Bewegung körperlich aus. Da er zu keinem

Ergebnis kommt, verlässt Sorges irritiert und verärgert Hattingers Büro.

Bodo Hattingers Leiden hält sich dagegen in Grenzen. Ihm sind noch heute Menschen bekannt, die regelmäßig um die Hamburger Alster joggen, auf der Suche nach dem Grund für sein einsilbiges Nein. Und wissen Sie, welchen Grund Bodo meistens hat? Gar keinen – er übt einfach!

Nein-Sagen ist also kein Hexenwerk. Es muss nur eingeübt werden, am besten vor dem Badezimmerspiegel, sozusagen unter vier Augen mit sich selbst. Und der Ton macht die Musik! Höflich, aber bestimmt gilt als der ideale Mix. Maximilian Ober, Mitarbeiter einer Steuerbehörde in Nordrhein-Westfalen, hat Nachholbedarf: »Man sagt mir nach, dass ich Ruhe und Offenheit ausstrahle, und das stimmt auch, nur das geht bei mir von der Naivität über das Nicht-Nein-Sagen-Können bis hin zum Helfer-Tick, sodass ich ausgenutzt werde und mir das aus Höflichkeit noch nicht einmal eingestehen mag: Da muss sich etwas ändern.« Recht hat er!

Petra Berger, Angestellte in einem Hamburger Kosmetikunternehmen, will sich ebenfalls ändern: »Trotz meiner geringen Körpermasse, trotz geringer Größe und trotz meiner leisen Stimme möchte ich lernen, nicht überhört zu werden. Meine Aggressionshemmungen müssen endlich weg, da ich schon zu viele Ungerechtigkeiten unwidersprochen mit mir herumschleppe und mich immer belasteter fühle. Das erscheint mir auf Dauer einfach ungesund.« Sie ist so freundlich und harmoniesüchtig, dass Kolleginnen und Vorgesetzte mit (überflüssigen) Detailwünschen großzügig über ihre Zeit verfügen und auf ihre Planungen und Bedürfnisse kaum Rücksicht genommen wird. Natürlich ärgert sie sich über derartige Dreistigkeiten und will zukünftig ihre Kollegen in die Schranken weisen. Das erscheint ihr als Rettung vor der eigenen Demotivation. Helfen kann ihr dabei das Wort »Nein«. Lernen kann sie das beim Schlagfertigkeits-Papst Albert Thiele, der die **Kunst des höflichen Neins** beherrscht:[28]

- »Ihr Lob freut mich natürlich. Und trotzdem kann ich leider diese Aufgabe heute nicht mehr für Sie erledigen.
- Ich fühle mich geehrt, dass Sie da an mich denken, aber mein Terminkalender ist leider komplett voll.
- Ihnen ist es offenbar sehr wichtig, mich umzustimmen. Aber leider kann ich nur noch einmal wiederholen: Es geht heute nicht.
- Es tut mir leid, aber ich habe zu diesem Zeitpunkt schon eine andere Verabredung.«

Thiele empfiehlt das Wörtchen »Nein« vor allem im Umgang mit Kampfdialektikern, die gerne provozieren, indem sie auf drei Ebenen Angriffe gegen Ihre Person starten: 1. Angriffe auf Ihre Kompetenz: »Um das zu beurteilen, fehlt Ihnen die Erfahrung.« 2. Angriffe auf Ihre Glaubwürdigkeit: »Sie sind doch selbst nicht von dem Konzept überzeugt.« 3. Angriffe auf Ihre Reputation: »Das Image Ihrer Abteilung ist tief im Keller, das weiß doch jeder.« Paroli können Sie in solchen Fällen prima mit Killerphrasen bieten, etwa: »Das sind recht pauschale Aussagen. Können Sie diese bitte präzise konkretisieren?«[29] Wenn jetzt tatsächlich Konkretisierungen kommen, in Ruhe mitschreiben, sich nachdenklich geben und – in Abstimmung mit dem Netzwerk – ganz in Ruhe innerhalb von 48 Stunden reagieren.

Aber Vorsicht: Das direkte Nein-Sagen-Üben ist selten für Vorgesetzte geeignet, denn Durchsetzungsstärke macht nur Sinn, wenn man vorab eruiert hat, ob die Gewinnchancen gut stehen. Und gegen Vorgesetzte ist das in der Regel nicht garantiert. Dennoch bleiben praktikable Optionen. Mehr dazu erfahren Sie in Kapitel 7. Eine Möglichkeit, sich gegen ungerechte Chefanweisungen zu wehren, will ich Ihnen aber gleich hier verraten. Da will ich mal nicht Nein sagen … ausnahmsweise.

Sollte Ihr Chef ausgerechnet Sie – weil Sie doch so nett sind – am Freitagnachmittag mit einer Aufgabe betrauen, die

Sie sicher das ganze Wochenende kosten wird, dann erledigen Sie das beim ersten Mal klaglos. Am nächsten Freitag auch, quittieren das Ganze aber mit einem missmutigen Blick. Beauftragt er Sie jedoch am Ende der darauffolgenden Woche wieder, bitten Sie ihn um ein kurzes Gespräch und sagen höflich, aber nicht unterwürfig: »Ich mache das gerne für Sie. Ich habe auch überhaupt nichts dagegen, mal länger oder am Wochenende zu arbeiten. Ich habe das vorletzte Woche gemacht. Ich habe das letzte Woche gemacht. Aber jetzt sind andere dran. Ich würde mich sehr freuen, wenn Sie das auch so sehen, und ich könnte Ihnen auch jemanden vorschlagen, wenn Sie das wünschen.« Wenn er jetzt darauf besteht, dass Sie die Wochenendaufgabe trotzdem noch einmal übernehmen, weil er einfach schlecht vorbereitet ist oder auf die Schnelle keine Alternative sieht, machen Sie es ruhig ein drittes Mal. Aber dann ist Schluss! Gleich am Montag suchen Sie ihn auf und stellen klar: »Ich möchte noch einmal auf unser Gespräch zurückkommen. Ich möchte Ihnen nicht zu nahe treten, aber beim nächsten Mal, denke ich, ist in jedem Fall jemand anders dran.« Seine Zustimmung wird Ihnen gewiss sein. Ermahnung – gelbe Karte – rote Karte: Ihre Feedbacksteigerung ist unmissverständlich, nicht nur für fußballaffine Vorgesetzte.

Was Sie sich unbedingt merken sollten: Anker los! Ihr Abschied als Anlaufstelle für unbeliebte Aufgaben

- **Lassen Sie sich nicht zum Opfer machen!** Die Viktimologie betont, dass Sie Eigeninitiative zeigen und vorausschauend denken müssen, damit Sie nicht zum Opfer von Intrigen im Kollegenkreis werden. Ihre Eigeninitiative beginnt mit dem Wort »Nein« und verlangt im richtigen Moment den Mut zum konsequenten Handeln, um nicht von kritischen Kollegen ins Bockshorn gejagt oder von Energievampiren ausgesaugt zu werden. Es gilt die Faustregel: Üben Sie das Nein-Sagen bei Kleinigkeiten, damit Sie sich später auch im Großen trauen.
- **Finden Sie das angemessene Echo!** Es ist eine Herausforderung für jeden von uns, sich angemessen zur Wehr zu setzen. Die Kunst liegt dabei in dem Wort »angemessen«. Ein angemessenes Echo kann die Kalenderwurf-Therapie, die Sakko-Methode oder die klare Abgrenzung von nervtötenden oder fiesen Kollegen sein.
- **Mutieren Sie von Everybody's Darling zur unkaputtbaren Kakerlake!** Trainieren Sie Ihre Einsteckerqualitäten, da Ihre Veränderungsversuche selten uneingeschränkte Begeisterung auslösen werden. Nehmen Sie Vorwürfe und Kritik nie persönlich: Derjenige, der Sie kritisiert, hat ein Problem, nicht Sie! »Don't make his problem to your problem«, empfahl man mir damals auch in den USA bei der Behandlung von Hochaggressiven, die einen gerne mit Vorwürfen überhäuften.

- **Seien Sie kein Schaf (mehr)!** Arbeiten Sie zukünftig etwas unpräziser, sagen Sie nur mürrisch etwas zu, vergessen Sie mal etwas, zeigen Sie keinen vorauseilenden Gehorsam, seien Sie immer einen Tick zu langsam und stellen sich partiell ein wenig schusselig an. Diese Haltung wird ihre Wirkung nicht verfehlen: Sie werden ihren Status als erste Anlaufstelle für dusselige Aufgaben verlieren!
- **Bereiten Sie sich auf Ärger vor!** Wer die nette Schäfchen-Rolle verlässt und nicht mehr zu allem Ja und Amen sagt, muss sich auf Konflikte gefasst machen. Die anderen sind ein Nein aus Ihrem Mund eben einfach nicht gewöhnt. Und wie bewältigt man diese Spannungen am besten? Die wichtigste Antwort lautet: nie allein! Suchen Sie sich daher – rechtzeitig! – starke Partner, Kolleginnen, Mitarbeiter und Chefs, die Sie gut kennen und zu denen Sie ein solides Verhältnis haben. Networking gibt Ihnen sicheren Halt in Krisen.

Was Sie jetzt zu tun haben:
Nein, nein und nochmals nein!

- **Aufgabe 1:** Denken Sie an eine vergangene Berufssituation, in der Sie hätten Nein sagen sollen, es aber nicht getan haben. Führen Sie mehrere Dialoge vor dem Spiegel durch, in denen Sie glaubwürdig Ihr Nein so lange vortragen, bis es Sie selbst überzeugt. Dann üben Sie das Ganze an einer anderen beruflichen Situation, in der ein Nein nicht geschadet hätte. Am besten machen Sie das, wenn Sie alleine sind. Meine Kinder, die mich bei dieser Übung einmal heimlich beobachteten, machten sich hinterher Sorgen um meine psychische Verfassung. Doch, es ging mir prächtig, denn ich hatte gerade eine Lösung gefunden!
- **Aufgabe 2:** Notieren Sie, bei welcher Gelegenheit oder bei welcher Person Sie noch in diesem Monat oder besser noch in dieser Woche – oder am besten gleich morgen! – damit beginnen werden, das Nein-Sagen zu üben. Spielen Sie diese Situationen vor dem Spiegel durch. Nur das, was Sie jetzt einüben, werden Sie sich auch später zutrauen! Diese Trockenübung entscheidet darüber, wie gut Sie abschneiden, wenn Sie letztendlich in der entsprechenden Situation aus freien Stücken ins kalte Wasser springen. Aber Achtung: Nicht gleich in der Chefetage ausprobieren – das ist jetzt noch eine Nummer zu groß und geht ohne gute Taktik nur in die Hose.

KAPITEL 2

DAS RICHTIGE AGGRO-MASS: ONE EVIL ACTION A DAY KEEPS THE PSYCHIATRIST AWAY?

Über Zu-lieb-böse-Sein, den Umgang mit Intriganten und die Magie der Volition

Zu feige für aggro?

Michael Decker, wissenschaftlicher Mitarbeiter an einer Hochschule in der Nähe von Frankfurt, hat sich von seinem Professor die Basisseminare des ersten Semesters mit knapp 400 Hausarbeitskorrekturen à 15 Seiten aufschwatzen lassen. Ohne Widerrede, ohne Murren. Und vor allem: Ohne dabei über eine zeitlich weniger belastende Arbeitsverteilung zu verhandeln! Sein Professor hatte ihm die Seminare mit einem schmeichelhaften Satz schmackhaft gemacht: »Weil Sie als junge Kraft näher an den jungen Studierenden dran sind und das erste Semester wohl ohne großen Vorbereitungsaufwand hinbekommen müssten.« Erst später begriff Michael, dass sein Professor einfach nur seine Korrekturlast auf ihn abwälzen wollte. Mit Erfolg. Höflich und bestimmt gegenzusteuern, das traute sich Michael nicht. Seine ehrliche Begründung: »Dazu bin ich einfach zu feige.«

Seine Erkenntnis in einem meiner Seminare: »Aggro heißt für mich, mein Handlungsspektrum zu erweitern. Mein Problem ist, dass ich zu nett bin. Ich wünsche mich durchzusetzen, ohne dabei aggressiv zu wirken, auch wenn ich mich innerlich aggressiv fühle.«

Mit seinem Wunsch steht Michael Decker nicht alleine da. Stephanie Wilting ist Berufsanfängerin in einer Non-Profit-Organisation: »Mein Ziel ist es, weniger verletzlich zu werden.

Wenn ich die Aggro-Formen der Menschen kennenlerne, dürfte ich später weniger überrascht und gekränkt sein, wenn ich es dann live erlebe.« Ein kluger Ansatz. Nur wenige meiner Gesprächspartner sind sich von Anfang an sicher, dass sie bereits jetzt über das richtige Aggro-Maß verfügen. Die meisten wissen nur mit Sicherheit, dass bei ihnen noch Luft nach oben ist. So wie Ulrike Bäumle, die einen Posten als Verkaufsleiterin anstrebt: »Ich bin so sehr zum guten Mädchen erzogen worden, dass ich alles Dominante an mir gleich als unfaires Verhalten empfinde und Schuldgefühle bekomme. Und obwohl das völliger Quatsch ist, steckt das tief in mir drin.« Frau Bäumle beschreibt damit ein verbreitetes Phänomen[30], wonach Schuldgefühle der Marke »Dräng dich bloß nicht in den Vordergrund« die Eigendynamik ausbremsen. Doch die Zurückhaltung resultiert weniger aus der Unfähigkeit dieser Menschen, sich zu positionieren, sondern aus ihrer Angst, es möglicherweise zu übertreiben, zu weit zu gehen und andere damit vor den Kopf zu stoßen. Was anderen Leuten offensichtlich keine Kopfschmerzen oder Schuldgefühle bereitet, denn weniger zurückhaltende Kollegen agieren nicht annähernd so zaghaft:

- »Ich nehme mir die Freiheit, zu lästern, um inneren Druck abzulassen, wenn ich mit jemandem Probleme habe. Außerdem genieße ich meine Fähigkeit, ›böse Blicke‹ zu streuen, die das Gegenüber verunsichern.«
- »Ich will mein aggressives oder besser gesagt durchsetzungsstarkes Verhalten so einsetzen, dass ich mich hinterher nicht entschuldigen muss.«
- »Die Fähigkeit zur gezielten Informationspolitik ist im Kleinen wie im Großen genauso unverzichtbar wie die Fähigkeit, die Leute mal zappeln zu lassen. Ich benutze auch Provokationen, um Kollegen aus der Reserve zu locken.«
- »Ich nehme mich und die anderen nicht ganz ernst: Ist das aggressiv oder nur entspannt? Ich bin semi-ehrlich, ich lüge

zwar nicht, aber lasse gern einmal das Entscheidende weg oder formuliere es derart verschleiert, dass keiner mehr durchblickt. So kann man mir hinterher nicht vorwerfen, ich hätte nichts gesagt – wenn die es nicht verstehen, hätten sie ja nachfragen können, oder?«

- »Ohne Leidenschaft und Herzblut geht nichts! Bei mir gehören zum überzeugenden Auftreten immer eine ordentliche Prise Humor und eine kluge Portion Aufmüpfigkeit, um Prozesse anzutreiben.«

Was schließen wir daraus? Übertriebene Höflichkeit hält die Freundlichen davon ab, den Dreisten etwas entgegenzusetzen. Sie haben Angst, zum unangenehmen Kollegen zu mutieren, zum **»Successoholic«**[31], der von der eigenen Erfolgsverliebtheit besoffen ist und sein eigenes Team rücksichtslos aufmischt. Deswegen nehmen sie sich lieber zurück. Man befürchtet die unzeitgemäße »gockelhafte Blut-, Schweiß- und Hoden-Komponente«,[32] wie der Journalist Jürgen Leinemann es in *Höhenrausch* drastisch formuliert. Aber mal im Ernst: Diese Gefahr besteht doch nicht. Selbst wenn ein Mann wie Michael Decker seinem Professor Paroli bieten und Grenzen ziehen würde, mutiert er doch nicht gleich zum Machiavellisten, also einem Machtmenschen, der auf List und Heuchelei setzt und mit harten Bandagen und mit Ellenbogeneinsatz kämpft. Michel Decker wird selbst nach einem Feedbackgespräch mit seinem Professor, in dem er deutlich macht, dass er sich verschaukelt fühlt und sich das nicht wiederholen soll, ein netter Mensch bleiben – aber eben einer, der sich nicht mehr alles bieten lässt. Ist doch eine klare Ansage und das reicht auch völlig.

Was für die Veränderung nötig ist, wird **Volition** genannt. Volition, so Mark Hübner-Weinhold, bezeichnet in der Managementlehre den Prozess der Willensbildung (Zielsetzung, Planung) und Willensdurchsetzung (Organisation, Kontrolle).[33] Es geht um die Willenskraft, die notwendig ist, Ziele zu erreichen, auch gegen Widerstände und eigene Unlustgefühle, die dazu verführen, einfach im Bett zu bleiben, anstatt den Job gut zu erledigen Es gilt Goethes Hinweis aus *Wilhelm Meisters Wanderjahre*: »Es ist nicht genug, zu wissen, man muss auch anwenden; es ist nicht genug, zu wollen, man muss auch tun.« In diesem Sinne ist Volition umgesetzte Energie, so Joachim Pawlik, Sales-Spezialist aus Hamburg, denn sie hilft, fokussiert die Zielsetzung im Auge zu behalten: »Denken Sie an folgende Situation: Ein Verkäufer wurde von seinem Chef in einem Mitarbeitergespräch gerade heftig kritisiert. Und nun soll er zum Kunden fahren und dort optimistisch auftreten. Eine schwierige Situation, doch mit Volition durchaus gut zu bewältigen ... Willenskraft hat für mich eindeutig einen nachhaltigen Effekt.«

Volition verhindert also, dass Sie aufgrund Ihrer Passivität nicht ernst genommen werden. Soziologisch gesprochen erlaubt man seinen Kritikern durch die eigene Zurückhaltung, die **Definitionsmacht** über das eigene Handeln zu übernehmen. Die Definitionsmacht verleiht Ihren Gegenspielern demnach Einfluss auf die Konstruktionen der sozialen und kulturellen Wirklichkeit Ihres Handelns. Hat man wenig zu sagen, zählt das Wort der Mitbewerber. Die eigene Position wird damit substanziell noch mehr geschwächt. Das ist im Berufsleben problematisch, egal auf welcher Hierarchieebene Sie arbeiten. Daher die zentrale Botschaft: **Seien Sie nicht zu lieb-böse!** Zeigen Sie Ecken und Kanten. Halten Sie sich an Marcel Prousts Humor, der unnötigen Treffen folgende Absage erteilte: »Kommen unmöglich. Lüge folgt.« Sie müssen es ja nicht dem alten Bäckermeister aus der Lüneburger Heide nachmachen, der seine Art der Fürsorge recht eigenwillig zum Ausdruck brachte: »Hau ich dem Lehrling eins in den Nacken, lässt es sich erst richtig backen.« Derartige Konflikte werden heute gerne am **runden Tisch** geklärt, vor dem der Biologe und Buchautor Richard Conniff allerdings animalisch warnt: »Der runde Tisch macht es nur einfacher, bei der Tötung zuzuschauen.«[34]

Grundsätzlich gilt in konfliktreichen Situationen: Klare, kurze Hauptsätze erleichtern die Kommunikation. Lyrische Ausschweifungen, bei denen Ihre Kollegen zwischen den Zeilen lesen können – und in der Regel nur das heraushören, was ihnen in den Kram passt –, verhindern gegenseitiges Verständnis.

Klare Ansage statt Konjuktiv

»Könnten Sie sich eine Gehaltserhöhung für mich im Herbst vorstellen?«, fragt die Werbefachfrau Carmen Bethke ihren Creative Director Winfried Grebenstein. »Na klar«, antwortet der prompt. Trotzdem passiert bis Dezember nichts. Erst im Januar (!) traut sich Carmen nachzufragen: Sie wolle ja nicht aufdringlich sein, würde aber gerne was zum Stand der Gehaltserhöhung wissen, über die im September gesprochen worden sei. Grebenstein kann sich an nichts mehr erinnern. Carmen hilft ihm auf die Sprünge. »Ach ja!«, sagt er dann. »Schau mal, Carmen, Sätze im Konjunktiv bejahe ich meistens, denn ich kann mir alles Mögliche vorstellen. Verbindlich sind sie allerdings nicht gemeint. Sei also bitte nicht sauer.« Und er ergänzt von oben herab: »Das hättest du präziser formulieren müssen, damit ich weiß, dass du das ernst meinst. Wir sind in der Werbung. Da zählt die klare Aussage!«

Sie können von Grebenstein halten, was Sie wollen, aber ehrlich ist er, denn er drückt etwas aus, das viele männliche Vorgesetzte denken: Konjunktiv- oder Konditionalsätze haben keine Verbindlichkeit. Kapiert?!

Dies gilt übrigens auch im Privaten, insbesondere in der Kommunikation von Frauen mit Männern. Viele Männer, die auf ihren Beruf fokussiert sind, erfassen kaum die sprachlichen Feinheiten ihrer Partnerin. Das ist (meist) kein böser Wille, sondern ergibt sich aus der typisch männlichen Mischung aus Denkfaulheit bei emotionalen Themen auf der einen Seite und Klartextfixierung beim Beruflichen auf der anderen Seite: Dezente Botschaften der Partnerin werden in ihrer Tragweite daher häufig nicht angemessen erfasst. Dieser Männertypus ist dann entsprechend völlig perplex, wenn die Partnerin den Trennungswunsch formuliert, nachdem sie die Hoffnung auf ein einfühlsameres Miteinander aufgegeben hat. »Darüber hättest du doch mit mir reden müssen«, lautet dann die konsternierte Aufforderung an die Noch-Ehefrau. Ihre Antwort: »Darüber reden wir seit zwei Jahren an unseren Kaminabenden.« Er: »An den Kaminabenden mit dem Rotwein? Die waren doch immer ganz schön …« Die Kommunikationspsychologie spricht hier vom **gestörten Sender-Empfänger-Modell**.[35] Kein Wunder, denn gerade bei Vielbeschäftigten ist das kognitive Erfassungsvermögen durch die beruflichen Anforderungen nahezu aufgebraucht.

Die Formulierung »Seien Sie nicht zu lieb-böse« stammt übrigens von der Bestsellerautorin Ute Erhardt, die mit ihrem Klassiker *Gute Mädchen kommen in den Himmel, böse überall hin* den Startschuss für mehr weiblichen Biss gegeben hat. Sie bemängelt, dass sich Frauen zu oft selbst im Weg stehen, weil sie ambivalente Formulierungen statt klarer Ansagen einsetzen. Ich muss sagen, dass das durchaus auch für Männer gelten kann. Schauen Sie sich die folgenden drei Aussagen an. Personen mit ausgebildetem Aggro-Faktor stimmen ihnen bereits nach der ersten Satzhälfte zu, ohne Wenn und Aber. Unklar Positionierte brauchen die relativierende, ambivalente zweite Satzhälfte – die den ersten Satzteil aushebelt. Wie ist es bei Ihnen: Können Sie bereits nach dem ersten Teil zustimmen?

1. Ich will mich durchsetzen ... aber ich will niemanden dabei verletzen

Wie soll das denn bitte gehen? Wenn Sie sich durchsetzen, werden Sie natürlich andere verletzen. Ja, Sie möchten das nicht und das ist auch gut so, aber es ist kaum zu vermeiden: Wenn Sie Ihre Projektidee durchsetzen, dann wird logischerweise ein Kollege mit seiner spannenden Idee den Kürzeren ziehen. Und ja, vermutlich verletzt ihn das. Am schönsten wäre es natürlich, wenn genug Ressourcen für alle Ideen bereitstehen würden. Aber das Berufsleben ist nun mal kein Ponyhof. Das sollte mittlerweile jeder begriffen haben. Fakt ist: Bekommen Sie den Job, sind Ihre Mitbewerber enttäuscht – selbst wenn manche Ihnen den Erfolg sogar gönnen. Sich durchsetzen, aber niemanden verletzen, das funktioniert in der Praxis nicht. Verabschieden Sie sich von dieser Illusion so schnell wie möglich. Ihre Erfolge können des anderen Leid sein. In manchen Fällen unbeabsichtigt. Sie sind ein Nebenprodukt Ihres Handelns, das Sie respektieren und akzeptieren sollten.

Anita Böttcher, Lehrerin in einem Bildungswerk, möchte niemanden verletzen und rücksichtsvoll bleiben, ist aber auch unzufrieden: »Ich übertreibe es mit der Rücksicht auf die Befindlichkeiten der Kollegen – mit dem Ergebnis unterdurchschnittlicher Arbeitserfolge, aber einer Wohlfühlatmosphäre bei allen.« Ihre Kollegin Michaela Brüschweiler denkt schon konsequenter: »Wenn mir in Zukunft ›Hartnäckigkeit‹ vorgeworfen wird, möchte ich kein schlechtes Gewissen haben, sondern Stolz verspüren. Ich muss lernen, dass auch vermeintlich schlechte Eigenschaften, wie ein gelegentlich bissiges Auftreten, zum Erfolg führen können und dass ich diese Eigenschaften als Frau auch einsetzen darf, ohne gleich als Mannweib mit Haaren auf den Zähnen zu gelten. Und die, die das trotzdem über mich behaupten, meinen es sowieso nicht gut mit mir. Ich habe mir deswegen fest vorgenommen, mein punktuell schlechtes Image gelassen auszuhalten.«

Sie sehen: Während Sie Ihr Ziel erreichen, überrollen Sie fast automatisch Mitbewerber oder Kollegen, die Ihnen bei der Umsetzung im Weg stehen. Klar, Sie können ihnen anbieten, sich in Ihre Mannschaft zu integrieren, mitzumachen und zu kooperieren, um Potenziale zu bündeln. Aber wenn sie diese Offerte nicht annehmen und stattdessen womöglich sogar gegen Sie arbeiten, dann heißt es, sich in einem klassischen Wettbewerb abzugrenzen. Oder wollen Sie freiwillig Ihre großen und kleinen Ziele abschießen, nur weil Sie niemanden überrollen wollen? Wohl eher nicht. Schließlich sind Sie von Ihren Zielen überzeugt und werden versuchen, diese auch gegen Widerstände durchzuboxen. Im Berufsleben heißt es eben manchmal: Überrollen oder überrollt werden. Was ist Ihnen lieber? Das kann bis zum Show-down führen – wobei Fairness bedeutet, dass Sie Ihre Gegenspieler vorab informieren, um ihnen so die Chance des freiwilligen Rückzugs zu geben.

Jean-Claude Helbling, der im Organisationsbereich einer Schweizer Telefongesellschaft arbeitet, formuliert seinen Zielwillen humorfrei: »Mir hilft meine spitze Zunge und ich liebe meine Spitzfindigkeit, die möglichst adressatengerecht und zum richtigen Zeitpunkt eingebracht wird. Die anderen sollen es einfach so tun, wie ich es machen würde. Dann klappt auch alles. Ich denke schon, dass ich die Messlatte bin.« Mit jemandem wie Jean-Claude Helbling in den Clinch zu gehen verlangt Mut, denn er ist sehr von sich überzeugt, aber – und das schätze ich an ihm – er spielt mit offenen Karten. Man weiß bei ihm, woran man ist, auch wenn es ganz klar nach Ärger riecht.

2. Ich will selbstsicher auftreten ... aber niemanden ängstigen

Wahrscheinlich haben Sie es sich schon gedacht: Das geht auch nicht. Eine Hauptmotivation für selbstsicheres Auftreten ist, andere einzuschüchtern oder – positiver formuliert – ihnen Respekt einzuflößen und die eigene Berufsrolle zu festigen. Daher tragen Männer im Business bevorzugt seriös wirkende Anzüge und hochwertige Uhren, Ärzte ihre weißen Kittel, Polizisten Uniformen und IT-Spezialisten diesen nachlässigen Casual-Stil, der signalisiert, dass sie auf äußerliche Formen und Hierarchien pfeifen. Sie alle glauben an Gottfried Kellers Novelle *Kleider machen Leute*, in welcher der schüchterne Schneiderlehrling Strapinski aufgrund seiner stilvollen Kleidung für einen polnischen Grafen gehalten wird. Die Soziologie spricht vom **symbolischen Interaktionismus** und schreibt damit jedem Auftritt im Berufsleben eine symbolische Bedeutung zu. Gepflegter Anzug oder zerbeulte Cordhose mit Strickpullover: Die nonverbalen Botschaften unterscheiden sich krass und können entsprechend genutzt werden, je nachdem, ob man einen Business- oder einen legeren Auftritt für zielführend hält. Anhand von drei Prämissen versucht der Vertreter des symbolischen Interaktionismus, Herbert Blumer, dieses Phänomen zu erklären:[36]

- Menschen handeln Dingen gegenüber auf der Grundlage der Bedeutung, die diese Dinge für sie haben. Ein italienischer Koch gibt dem Pizzamesser eine andere Bedeutung als sein Gast, der während des Zerschneidens der Pizza per iPhone-Foto erfährt, dass seine Frau einen Seitensprung gemacht hat. Hier gilt der humorvoll-kriminologische Satz: Thematisiere nie etwas Dramatisches, wenn dein Gast ein Messer in der Hand hält!
- Die Bedeutung solcher Dinge ist aus der sozialen Interaktion mit den Mitmenschen ableitbar, aus biografischen, berufli-

chen oder medialen Erfahrungen. Um beim Seitensprung zu bleiben: Die soziale Biografie unseres gehörnten Italieners sagt vielleicht, es muss Blut fließen – bei seinem Nebenbuhler, versteht sich. Gut, wenn nicht just in diesem Moment dieser Nebenbuhler die Pizzeria betritt, denn in ein paar Tagen hat sich der Gehörnte sicher schon etwas beruhigt, auch wenn er die Schmach seiner Frau nie verzeihen wird. Aber von einem Tötungsdelikt aus gekränkter Eitelkeit wird er nach ein paar Tagen voraussichtlich absehen. Seine Erfahrung wird ihm eine Kosten-Nutzen-Analyse vermittelt haben, die besagt: Eine lebenslängliche Haft für diese untreue Frau lohnt sich nicht, solange es Alternativen gibt.

- Bedeutungen werden in einem interpretativen Prozess genutzt, gehandelt und verändert. Die Hermès-Krawatte kann danach Wohlstand und Geschmack, aber auch Dandytum oder Spießigkeit symbolisieren. Je nach Auge des Betrachters. Kluge Köpfe antizipieren dies und ziehen daraus zum Teil überraschende Schlüsse.

So bemerkt der IT-Mitarbeiter Edgar Lehmann: »Wenn neben mir im Flieger eine Frau mit einem Piaget-Ring Platz nimmt, dann weiß ich, dass diese Frau ein hohes Anspruchsdenken hat. Der Piaget ist ein Goldring, in den ein beweglicher Goldring zusätzlich eingearbeitet ist. Sein Name: Possession. Ich kenne den Ring, weil ich ihn meiner Frau in Unkenntnis des Nettopreises versprochen hatte und aus der Nummer auch nicht mehr rauskam. Trägt meine Sitznachbarin im Flieger dann auch noch teure, spitze Schuhen, dann sage ich mir: Die könntest du dir gar nicht leisten – und die riecht auch noch nach Schmerz. Und ich schwöre: Obwohl ich das gar nicht will, biete ich ihr an, ihren Rollkoffer nach oben ins Gepäckfach zu wuchten.« Kleider machen eben Leute – Ringe und Schuhe aber auch.

3. Ich will Kritik üben ... aber dabei niemanden schlechtmachen

Nun, auch das ist manchmal denkbar schwer zu realisieren. Kritik schmerzt den Kritisierten meistens, denn irgendetwas an ihm scheint einen anderen schließlich zu stören. Was man allerdings tun kann: Man kann beeinflussen, in welchem Umfeld, wie und wann man jemanden kritisiert. Es gibt beispielsweise die konstruktive Kritik, die Sie gegenüber Ihren Kollegen und Chefs beherrschen sollten. Konstruktive Kritik impliziert immer die Wertschätzung der gesamten Persönlichkeit bei gleichzeitiger punktueller Kritik einzelner Aspekte. Diese Kritikform, die ich sehr schätze, findet möglichst unter vier Augen und in gedämpfter Stimmlage statt. Der Gesichtsverlust und die Kränkungsgefahr Ihres Gegenübers werden damit auf ein Minimum reduziert. Das ist von immenser Bedeutung, denn sonst gilt der Satz des griechischen Schriftstellers Pausanias, wonach der Überbringer schlechter Nachrichten bestraft wird. Hüten Sie sich also vor der **Überbringerrolle!** Beim kritischen Gespräch mit einem Kollegen können Sie nach dem Lob-Kritik-Lob-Prinzip verfahren und so die unschöne Wahrheit wenigstens hübsch und damit weniger schmerzhaft für den Kritisierten verpacken. Wie das geht, erfahren Sie in Kapitel 3.

Übrigens: Sollten Sie von Ihrem Chef im Vieraugengespräch mit der Frage überrascht werden, was Sie an ihm eigentlich zu kritisieren haben, dann antworten Sie auf keinen Fall spontan: »1. ..., 2. ..., 3. ...«, selbst wenn Ihnen sofort Offensichtliches einfällt. Das wäre nämlich ein böses Eigentor. Geben Sie sich stattdessen nachdenklich, atmen Sie einmal schwer und sagen: »Puh, so spontan fällt mir jetzt gar nichts Richtiges ein. Ich finde es eigentlich ziemlich gut, wie Sie das hier machen. Lassen Sie mich bitte doch eine Nacht darüber schlafen ...« Das ist eine kluge Antwort, denn zumindest das Gros der männlichen Chefs wird Ihnen diese Frage nur rhetorisch stellen, weil sie schlicht von sich dermaßen überzeugt sind, dass sie Kritik von Ihrer Seite für mehr als unwahrscheinlich halten. Die finden sich einfach toll. Ihre ehrliche, kritische Rückmeldung würde nur das Verhältnis zwischen Ihnen trüben. Sollten Sie dann nachdenklich sein Büro verlassen und Ihnen vor der Tür sein nächster, von Ihnen wenig geschätzter Feedbackkandidat begegnen, dann soufflieren Sie diesem in Aggro-Art: »Der Chef will heute ganz, ganz ehrliche Antworten.« So munitioniert wird Ihr Gegenspieler seine Kritik frei äußern – und zum Pausanias-Opfer werden: Er versenkt sich selbst mit seinem Einfallsreichtum. Also, seien Sie vorsichtig mit dem Kommunizieren von Bad News und betrachten Sie Kollegen mit größtem Argwohn, die Sie auffällig zum Kritisieren ermutigen. Deren wahres Ziel liegt womöglich weniger in der Verbesserung der Arbeitseffizienz, sondern in der Verschlechterung Ihres Ansehens.

Wie ist es Ihnen denn nun bei diesen drei Aussagen ergangen? Konnten Sie bereits bei der ersten Satzhälfte zustimmen? Wenn nicht, sollten Sie unbedingt weiter daran arbeiten, endlich aus Ihrer Schäfchen-Rolle zu schlüpfen. Es wird Ihnen guttun! Kommen wir nun aber zu den fieseren Formen der Kritik – denn Kritik ist manchmal alles andere als konstruktiv – und wie Sie sich gegen solche Angriffe seitens Ihrer Kollegen oder Vorgesetzten wehren können.

Haben Sie so etwas schon erlebt? Sie bekommen ein kritisches Feedback um die Ohren geknallt, und zwar vor versammelter Mannschaft – obwohl man die Angelegenheit problemlos unter vier Augen im Vorfeld hätte ansprechen können. Mal ehrlich: Glauben Sie wirklich, Ihr Kritiker will mit seiner öffentlichen Ansage aus Ihnen einen besseren Menschen machen? Nein, das will er nicht. Es geht ihm weniger um die Sache als vielmehr um den Effekt, Sie auf Zwergenformat zurechtzustutzen. Ihre Alarmglocken sollten schrillen, wenn jemand Sie im Kollegenkreis infrage stellt, obwohl man sich dreimal die Woche in der Kantine beim Essen zu zweit getroffen hat, ohne dass eine entsprechende kritische Andeutung fallen gelassen wurde. Aber sobald alle, inklusive die Entscheider, zusammensitzen, fällt man über Sie her. Was können Sie da tun? Machen Sie sich auf jeden Fall zu diesen Kollegen in Ihrem Timer eine wenig schmeichelhafte Notiz, damit Sie deren Gemeinheit ja nicht vergessen, um nicht ein zweites Mal auf sie hereinzufallen. Nachtragend zu sein kann in so einem Fall durchaus ein Ausdruck von Intelligenz sein.

Wenn Sie im Meeting von einem Kollegen scharf kritisiert werden, gehen Sie in zwei Schritten vor. Erstens die direkte, kurz angebundene Reaktion: »Danke, Herr Gransee, das ist eine ganz wichtige Rückmeldung. Darüber denke ich nach.« Kein weiteres Wort! Schritt zwei: Suchen Sie den Kritiker nach dem Meeting zeitnah auf und stellen Sie im Vieraugengespräch klar: »Kurze Rückmeldung noch mal zu unserem Meeting gestern. Das ist jetzt wichtig: Sprechen Sie bitte NIE wieder so mit mir. NIE wieder. Da bin ich überhaupt nicht offen. NIE wieder. Wenn Sie etwas zu kritisieren haben, rufen Sie mich vor dem Meeting an, sprechen Sie das vorher mit mir ab und dann können wir abgestimmt ins Meeting gehen oder ich kann mich wenigstens darauf vorbereiten. Aber NIE wieder so. Ist das okay für Sie?« Kollege Gransee ist von dieser klaren Ansage natürlich überrascht und auch leicht verstimmt, denn damit hat er nicht gerechnet. Trotzdem wird er es sich zukünftig dreimal überlegen, ob er es riskieren will, Sie noch einmal so vorzuführen. Und das ist gut so!

Ist der Kritiker gleichzeitig Ihr Chef, ist folgende, dezentere Reaktion nach dem Meeting zu empfehlen: »Ich würde gerne noch einmal eine kurze Rückmeldung zu gestern geben. Die Kritik im Meeting, die Sie geäußert haben, ist sinnvoll und wird von mir zu 100 Prozent umgesetzt. Sie führt aber in Bezug auf meine Person, weil öffentlich vorgetragen, im Kollegenkreis zu einer ziemlichen Statusreduzierung. Wenn das Ihre

Absicht war, Respekt. Wenn das nicht Ihre Absicht war, wäre ich dankbar, wenn Sie mich in Zukunft schon vorher warnen und ich mir dann Gedanken dazu machen und im Meeting bereits etwas Sinnvolles erwidern kann.« 90 Prozent der Chefs werden Ihnen jetzt antworten: »Oh, das war doch gar nicht meine Absicht!« Dann ist alles in Butter, denn diese Chefs unterlassen solche Aktionen in Zukunft, sie halten sich an die Absprache. Der Rest kanzelt Sie weiter vor versammelter Mannschaft ab, aber auch das lässt eine klare Schlussfolgerung zu: Förderung oder Karriere wird für Sie unter diesem Vorgesetzten nie stattfinden! Klar, das ist nicht schön, aber man weiß wenigstens, woran man ist, kann Dienst nach Vorschrift machen oder sich bei der Konkurrenz bewerben, wenn es der Markt und die privaten Umstände erlauben.

Wenn Sie sich an den oben genannten drei Leitsätzen – natürlich nur am jeweils ersten Satzteil – orientieren, also zukünftig nicht mehr zu lieb agieren, dann werden Sie es auch schaffen, sich gegen **Intriganten** zu wehren, so das Credo der Hamburger Redakteurin Yvonne Scheller:[37] »Erst bietet er großzügig Hilfe an, dann erzählt er herum, er habe der völlig überforderten Kollegin unter die Arme greifen müssen. Er übernimmt während der Mittagspause den Telefondienst, ›vergisst‹ dann aber, den Kollegen den Anruf auszurichten. Und dann erläutert er auch noch stolz dem Chef seine neueste Idee. Nur dass es gar nicht seine ist (…). Die Bandbreite übler Tricks reicht vom

- Zurückhalten von Informationen,
- geistigem Diebstahl,
- dem Durchsuchen oder Verschwindenlassen von Unterlagen
- bis zum Lästern und zu bösartigem Flurfunk.«

Spricht man diese Falschspieler auf ihr Verhalten an, so Maike Müller in *Nervensägen im Griff*, spielten diese sogenannten Kollegen die Unschuld vom Lande oder den ausgefuchsten

»Sich-Rauswinder«. Gespielt vorwurfsvolle und gekränkte Sätze wie »Das war doch ganz anders gemeint« oder »Ich hätte nicht gedacht, dass Sie mir so etwas unterstellen, wo wir doch immer so gut zusammengearbeitet haben« sind charakteristisch für sie. Yvonne Scheller empfiehlt in ihrem Artikel im *Hamburger Abendblatt* bei solchen fiesen Kandidaten ganz praktisch eine offensive Reaktion:[38]

1. Die direkte Ansprache im Vieraugengespräch, in dem der Konfrontierte meist alles leugnet, was völlig okay ist, denn das Gespräch dient nur als Warnschuss: »Gut, dann habe ich das wohl falsch verstanden, das freut mich sehr«, sollte Ihre geheuchelte Antwort sein. Ihr Kontrahent hat jetzt die Option zum Rückzug.
2. Parallel suchen Sie sich Verbündete, denn Intriganten kuschen vor der Macht, die zum Beispiel Ihr Netzwerk verkörpert. Merken Sie sich bitte: Dieser fiese Menschenschlag hört so gut wie nie aus moralischen Gründen oder aus Einsicht auf. Bauen Sie unbedingt Ihr Netzwerk präventiv in Zeiten auf, in denen Sie es noch gar nicht brauchen, ansonsten ist es nutzlos!
3. Zeigt sich Ihr Angreifer beratungsresistent, gehen Sie den offiziellen Beschwerdeweg. Bitten Sie Ihren Chef und den Personalrat um die Wahrnehmung ihrer Fürsorgepflicht.

Lassen Sie uns noch einmal zur Bedeutung konstruktiver Kritik zurückkommen: Grundsätzlich gilt im deutschsprachigen Raum, dass das Benennen von vermeintlichen Fehlern geschätzt wird. Man definiert sich, im Sinne der Aufklärung und ihrer Vernunftorientierung, als kritischer Geist. Dahinter steht der dialektische Gedanke von These, Antithese und Synthese. Leider bleibt es aber häufig bei der Antithese: Es wird nach Herzenslust seziert! Den anglo-amerikanischen Raum irritiert diese sogenannte **German Kritiksucht**. Das amerikanische Credo »Love me or leave« gilt als klares Gegenkonzept. Sam

Ferrainola, der Direktor der Glen Mills Schools bei Philadelphia, einem privaten Internat für delinquente Jugendliche (und mein ehemaliger Chef), ist ein glühender Verfechter dieses Credos. Er ging seinerzeit überhaupt nicht auf meinen kritischen Hinweis zur Arbeitsweise eines seiner Mitarbeiter mit einem New Yorker Gang-Schläger ein, sondern fragte: »Sag mal Jens, warum soll ich eigentlich jemanden wie dich beschäftigen, der unser System, unsere Leute und damit auch mich kritisiert? Ich brauche Leute, die mit mir hundertprozentig an einem Strang ziehen. Loyalität ist wichtiger als Kritik, verstehst du?« Die Botschaft saß. Im deutschsprachigen Raum spricht man natürlich nicht von Kritiksucht, sondern von der »ausgeprägten Fähigkeit zur kritischen Reflexion«, so Philipp Eckert, stellvertretender Leiter einer kleinen Personalabteilung in einem Unternehmen in Bad Kissingen.

Kritik kann aber auch hinterhältig eingesetzt werden, wie Anita Goldhammer, eine Mitarbeiterin der Textilbranche, im Aggro-Fragebogen zugibt: »Wer mich kränkt, muss mit einem Echo rechnen, indem ich ihn kritisiere, bloßstelle und auch hintenherum gezielt Stimmung gegen ihn oder sie mache.« Hermann Grimberg, Mitarbeiter eines norddeutschen Nahrungsmittelunternehmens schlägt in dieselbe Kerbe: »Ich habe ein sehr feines Gespür dafür, was ich tun muss, damit der andere explodiert, eine Fähigkeit, die bei Besprechungen Sinn machen kann, damit die Runde erkennt, dass es dem Provozierten an Selbstkontrolle mangelt – was ihn natürlich für unseren Servicegedanken im Verkauf disqualifiziert.«

Kritik kann zur verbalen Waffe werden: Die Wortbeiträge des Opfers gelten als »nicht richtig durchdacht«, »ausbaufähig« oder »nicht nachhaltig«. Die Meister dieser Kommunikationsform pflegen ihre kritischen Statements als große Oper und formulieren mit Florett und großer Selbstgefälligkeit unter dem Deckmantel von Lebenserfahrung und intellektueller Überlegenheit. Sie sprechen von ihrem Erfahrungsschatz und

74

verleihen damit ihrem Widerpart eine Art Praktikantenstatus. Wie unglaublich facettenreich dies inszeniert werden kann, verdeutlicht der Dialektik- und Präsentationsprofi Albert Thiele[39], der Strategien gegen manipulierte Botschaften dokumentiert hat: von **gefälschten Bluffs** über falsch wiedergegebene – aber glaubhaft klingende – Expertenmeinungen bis zur Zahlenkosmetik, die einem Erfolge vorgaukeln soll. Hier gilt es, gegenzuhalten. Wie das gelingt, erfahren Sie gleich in Kapitel 3.

Was Sie sich unbedingt merken sollten: Aggro macht Sie nicht zum Aussätzigen!

- **Bremsen Sie sich nicht mit Schuldgefühlen aus!** Sie müssen kein schlechtes Gewissen haben, wenn Sie sich mehr in den Vordergrund stellen. Keine Angst, Sie werden dadurch kein unangenehmer Mensch, den keiner mehr leiden mag. Ihre überbordende Höflichkeit hält Sie aber davon ab, den dreisten Kollegen und Chefs etwas entgegenzusetzen. Verinnerlichen Sie am besten folgendes Mantra: »Alles, was ich sage, ist wichtig!«
- **Zeigen Sie Ihre Ecken und Kanten!** Sagen Sie: Ja, Ich will mich durchsetzen! Ja, ich will meine Ziele erreichen! Ja, ich will selbstsicher auftreten! Und ja, ich werde angemessen Kritik üben – aber nur unter vier Augen!
- **Geben Sie Intriganten keine Chance!** Die Gegenstrategie: die direkte Ansprache im Vieraugengespräch, die parallele Suche nach Verbündeten und als letzte Instanz der Appell an die Fürsorgepflicht des Arbeitgebers durch den offiziellen Beschwerdeweg.
- **Machen Sie klare Ansagen!** Verbannen Sie den Konjunktiv aus Ihrem Wortschatz, wenn Sie etwas wollen. Drücken Sie sich klar und eindeutig aus.

Was Sie jetzt zu tun haben: Merken Sie sich Ihre Feinde und pimpen Sie Ihr Auftreten

- **Aufgabe 1:** Führen Sie Buch und machen Sie sich zu Kollegen, die es nicht gut mit Ihnen meinen, in Ihrem Timer eine wenig schmeichelhafte Notiz. Erstens, damit Sie deren Gemeinheiten nicht vergessen und kein zweites Mal auf sie hereinfallen, und zweitens, damit Sie ihnen nicht auch noch versehentlich zu Hilfe eilen. In meinem Timer stehen derzeit drei solche Namen.
- **Aufgabe 2:** Kleider machen bekanntlich Leute. Lassen Sie sich von einer Person Ihres Vertrauens dahingehend beraten, wie Sie Ihren Auftritt in puncto Selbstsicherheit und äußeres Erscheinungsbild verbessern können. Probieren Sie mindestens eine Empfehlung in Ihrer Berufspraxis aus – und genießen Sie die positive Resonanz!

KAPITEL 3

»SIE SCHAFFEN ES, DASS MAN DIE STILLE ZU SCHÄTZEN WEISS!« – SEIEN SIE BISSIG, WENN ES NÖTIG IST

Über präventives Erschrecken, Aggressionsphobie und das Lob-Kritik-Lob-Feedback

Aufschieberitis par excellence

Manuel Hancke, Mitarbeiter in der mittleren Ebene eines deutschen Handelsriesen, hat ein wunderbares Wochenende mit seiner Frau verbracht. Die Kinder waren bei den Großeltern, man hatte Zeit für Zweisamkeit. Kurz: Es war romantisch. Er nimmt sich am Sonntagabend vor, sich dieses schöne Wochenendgefühl mindestens bis Mittwoch zu bewahren. Aber am Montagmorgen holt ihn schon die Realität wieder ein: Eigentlich hätte er ja ein Hühnchen mit Andreas Kant zu rupfen, der wiederholt Aufgaben unbefriedigend erledigt hat. »Och nö …«, denkt Manuel Hancke, »das verhagelt mir nur die gute Laune.« Also verschiebt er kurzerhand den geplanten Mitarbeiteranpfiff auf Mittwochnachmittag. An diesem Tag ist er aber komplett ausgebucht und terminiert daher das Gespräch auf Freitag. Aber so kurz vor dem Wochenende noch Stress mit einem Mitarbeiter riskieren? Nein, das will sich Manuel Hancke nun auch nicht antun – auch der Familie zuliebe, die sonst seine schlechte Laune ertragen muss.

Menschlich ist diese Aufschieberitis vollkommen nachvollziehbar, in puncto Mitarbeiterkommunikation aber natürlich eine Katastrophe! Da kommen schon berechtigte Zweifel an Hanckes Führungsqualitäten auf. Mit einer soliden Erregungsanalyse wäre sein Handeln professioneller. »Ernsthaft erregt wirken, aber über das Fernsehprogramm des heutigen Abends nachdenken können, das ist professionell«, so mein ehemaliger Chef Sam Ferrainola. Im beruflichen Alltag müssen Sie eher selten unhöflich agieren, da mit den meisten Kollegen ein seriöses Vieraugengespräch den größten Erfolg bringt. Die wenigen Menschen, die man bei Bedarf anzählen sollte, erkennt man durch die **Erregungsanalyse**. Sie dient dazu, Sie spontan verärgert wirken zu lassen, ohne dass Sie es wirklich sind – ganz im Sinne von Ferrainolas Professionalitätsverständnis.[40] Also, zurück auf Anfang!

Sich selbst auf die Palme bringen

Die Ausgangssituation ist die gleiche: Manuel Hancke sitzt am Montagmorgen im Büro. Er hat übers Wochenende total entspannt, aber jetzt muss er einfach ein ernstes Wörtchen mit Andreas Kant reden. Der arbeitet einfach schlampig! Hancke hat es schon zweimal im Guten mit ihm versucht. Aber die letzte Vorlage war schon wieder unpräzise. Es reicht, heute muss ein anderer Ton anschlagen werden, damit Kant endlich kapiert, was Sache ist. Aber Hancke hat noch so gute Wochenendlaune …

Genau an dieser Stelle kommt die Erregungsanalyse ins Spiel. Kurz vor dem Gespräch denkt Manuel Hancke an einen früheren Bekannten mit roten Haaren, der ihn tierisch auf die Palme gebracht hat. Um 2000 Euro hat er ihn damals betrogen! Mit dem Geld wollte Manuel eigentlich mit seiner damaligen Freundin nach Nizza fahren! Ja, das fiel natürlich komplett ins Wasser, die Reise musste storniert werden. Darüber ist er heute noch stinksauer! Das Kopfkino verfehlt seine Wirkung nicht: Allein dieser Gedankengang bringt Manuel in eine grantige Grundstimmung – eine erstklassige Voraussetzung für das Gespräch mit Andreas Kant, der gerade sein Büro betritt. Rote

Haare hat Kant zwar nicht, er hat überhaupt kaum Haare auf dem Kopf. Aber Manuel stört das nicht. Seine innere Stimme flüstert ihm zu: »Der hat bestimmt einen fiesen Bruder mit kurzen roten Haaren!« Diese Bruderassoziation überträgt er auf Kant, spürt den Groll von früher und pfeift ihn in scharfer Tonlage an: »Wissen Sie, wie Sie das hier gemacht haben, das ist enttäuschend! Einfach enttäuschend! Viel zu unpräzise! Das geht so nicht. Machen Sie eine Wiedervorlage – und zwar noch bis heute Nachmittag. Die geht dann direkt nach oben. Und wenn die wieder nichts ist, dann geht das auf Ihre Kappe!« Damit entlässt er den Mitarbeiter aus seinem Büro.

Die Standpauke hat bestimmt gesessen. Der gescholtene Kant schleicht davon und macht sich an die Arbeit. Und Manuel Hancke? Hat er nun schlechte Laune wie befürchtet? Nein, er ist total entspannt, lehnt sich in seinem Stuhl zurück und ist in Gedanken schon wieder bei seinem romantischen Wochenende.

Warum kann Manuel Hancke sich so schnell wieder beruhigen, nachdem er sich gerade noch so tierisch aufgeregt hat? Weil er sich nicht wirklich aufregt. Er hat sich nur in seinen Ärger hineingesteigert wie ein Schauspieler, dank seiner Rothaarigen-Fantasie! Diese Fantasie hält Hancke gesund, denn er frisst kaum etwas in sich hinein, schon gar nicht den Ärger über Kant.

Birgit Held, Mitarbeiterin im Bauamt der Stadt Leipzig, sagt: »Für mich zählt es zum Stressmanagement, meine harmonischen Energieflüsse zu fördern, und da macht's halt keinen Sinn, Aggressionen zu verleugnen. Wenn Ärger und Wut in mir hochkriechen, will ich diesen Prozess besser verstehen, dann aber auch zielgerichtet wieder herauslassen und möglichst schnell loswerden.« Und ihre Kollegin Katharina Ibscher ergänzt: »Weniger Helfersyndrom und mehr Biss wären für mich Gold wert. Ich will lernen, schneller und kontrollierter zu handeln, um mir so Respekt zu verschaffen, damit Kollegen und

Mitarbeiter vorsichtiger mit mir umgehen. Ich erhoffe mir dadurch mehr Handlungsspielraum, weil ich nicht mehr so nett berechenbar bin, sondern mein Gegenüber mir auch dosiert Aggressives zutraut. Und das sofort.« Doch Schäfchen-Typen oder Nice Guys, eben »furchtbar nette Menschen«[41], haben oft eine **Aggressionsphobie** und können die positive Seite des Aggressiven an sich einfach nicht gutheißen: »Mein schlechtes Gewissen muss endlich weg, nur weil ich beruflich immer mal wieder als Siegerin herauskomme: Ich will den Erfolg endlich genießen können. Ich suche das richtige Mischungsverhältnis zwischen weiblicher Sanftheit und der Härte, der es beruflich manchmal bedarf«, so Friederike Geissbühler, die in Wien im Bereich Medizintechnik tätig ist. Bastian Timmermann will seine Aggressionsphobie auch abschütteln: »Dafür muss ich eine ungeschminkte Bestandsaufnahme der manchmal brutalen beruflichen Realität durchziehen, die ich bisher nur zu gern zu meinem eigenen Nachteil verdrängt habe. Ich will die Existenz aggressiver Mechanismen anerkennen und sollte auf bestimmte Fragen verzichten: Warum hilft mir denn niemand? Warum passiert das immer mir? Mögen die mich etwa nicht? Ich will Schluss machen mit meinem Philosophieren, Jammern, mit meiner Autoaggression, Schuldübernahmen oder dem Annehmen der Opferrolle.« Man spürt deutlich, dass Bastian Timmermann, der in der Ernährungsbranche tätig ist, ins Grübeln gekommen und bereit ist, seine Hemmungen zu überwinden. Er weiß nur noch nicht genau, wie.

Der Beverly Hills Psychologe Bach[42] empfiehlt gegen derartige Hemmungen die **Aggressionsethik:** Wollen Sie zukünftig zu gegebenem Anlass bissiger und humorfreier agieren, muss das eindeutig geschehen, damit der Empfänger es auch bemerkt. Immer nur durch die Blume oder in lyrischen Ausschweifungen zu kommunizieren macht keinen Sinn. Allerdings muss man auch nicht gleich der 10-A-Methode folgen: Alle anfallenden Arbeiten auf andere abschieben, anschließend anscheißen, aber anständig! Ex-Kanzler Schmidt[43] empfiehlt vielmehr Klartext: Ich war »ein guter Polemiker, die Polemik gehört zur Demokratie dazu, das war schon im alten Athen so«. Wobei auch die Fantasie Ihres Gegenübers die Wirkung verstärken kann, wenn Sie folgender einfacher Feedbackformel folgen: Je direkter die Ansprache und je vager die Konsequenz, desto größer die Irritationsfantasie Ihres Gegenübers. Natürlich sollten Sie nicht so weit gehen wie Philipp Tingler[44], der – frei von Selbstzweifeln, dafür überhäuft mit Selbstgefälligkeit – kräftig über das Ziel hinausschießt und seine Gegenspielerin abwertet, um sich selbst »postkoital« zu erhöhen:

> »In der Tat ist so ein spontaner Wutanfall etwas Herrliches! Sobald der Wehr-dich-Instinkt, dieser sechste Sinn, der feiner ist als beispielsweise der Geruchssinn, in meinen Nerven erwacht (...). Gerade letzte Woche habe ich lautstark eine muffelige Mittfünfzigerin aus der mittleren Mittelklasse, die sich bei Starbucks vordrängeln wollte, an den Pranger gestellt und damit der sozialen Ächtung der gesamten Warteschlange preisgegeben. Anschließend befand ich mich in einer Art postkoitaler Euphorie und rauchte voller Genuss eine Zigarette.«

Warum dieses Zitat? Weil es – bei aller ethischer Zweifelhaftigkeit – exakt den Moment beschreibt (»dieser sechste Sinn«), in dem wir zur Gegenrede ansetzen sollten – wenn auch zu einer differenzierteren als Philipp Tingler. Im Normalfall unterstreichen klare, kurze Hauptsätze die Nachdrücklichkeit Ihres Anliegens, gerne auch, wie im Werbefernsehen, gebetsmühlenartig wiederholt.

Die nötige Aufmerksamkeit Ihrer Gegenspieler ist Ihnen aber nur sicher, wenn Ihre Rivalen Sie als einen Menschen wahrnehmen, der auch giftig werden kann – wenn es nötig wird. Der Import/Export-Kaufmann Wolfgang Zimmermann greift bei diesem Modifikationsprozess auf die Soziologie zurück. Genauer: auf den bereits thematisierten symbolischen

Interaktionismus und das **Sichtbarmachen der Neupositionierung** durch äußere Veränderung.

Vom Weichei mit Bubigesicht zum Hau-drauf-Typ mit Charakter

Wolfgang Zimmermann hasst es, beruflich als Schäfchen-Typ wahrgenommen zu werden. Er empfindet das als ungerecht, geradezu stigmatisierend. Zimmermann ist ein gradliniger, zuverlässiger und ambitionierter Mann mit einer Schwäche für die Côte d'Azur. Dieses kostspielige Faible ermöglicht ihm ein befreundeter Exporteur, der ihm sein Strandhaus in der Nähe von Cannes günstig zur Verfügung stellt. Beruflich fällt es Zimmermann allerdings schwer, seine Kompetenzen zur Schau zu stellen. Neudeutsch ist seine Performance eine Katastrophe, denn allein seine Physiognomie erweckt beim Gros der Betrachter eine Weichei-Assoziation: Er hat ein Babyface mit schwülstigen Lippen. Diesem unpassenden Ersteindruck versucht Wolfgang durch ein Coaching zu begegnen: zunächst erfolglos und auch ärgerlich, denn der Coach schlägt scherzhaft eine Gesichtsoperation vor. Das findet Wolfgang gar nicht lustig.

Die zweite Empfehlung ist passgenauer. Beim Mittagessen mit seinem Coach erwähnt Wolfgang, dass er in jüngeren Jahren Motocross-Rennen gefahren ist, ohne Rücksicht auf Verluste – und mit zum Teil schweren Unfällen. Ob es aus dieser Zeit Fotos gebe, will der Coach wissen. »Klar doch!«, sagt Wolfgang Zimmermann und zeigt ihm einige auf seinem Smartphone. Zwei Bilder findet der Coach besonders beeindruckend: Auf dem ersten Foto sieht man, wie sich Wolfgang auf einer Offroad-Piste allen physikalischen Regeln trotzend waghalsig in die Kurve legt. Das zweite Foto dokumentiert den unvermeidlichen Crash: Er liegt am Boden. Der verdreckte Helm wird ihm vom Kopf gezogen. Das Gesicht ist mit Schlamm und Blut beschmiert. Dennoch wirkt Wolfgang auf dem Foto kraftvoll und euphorisiert. Der Coach ist von den Aufnahmen begeistert. Wolfgang soll beide Schappschüsse unbedingt auf Posterformat vergrößern lassen, sie mit Passepartouts und Rahmen versehen und im Büro direkt hinter seinem Schreibtisch aufhängen.

Niemand, der ab sofort zu Gesprächen oder Verhandlungen in Wolfgang Zimmermanns Büro kommt, kann sich der Kraft dieser Bilder entziehen. Jeder fragt: »Wow, sind Sie das? Das sieht hart aus!« Wolfgangs knappe Antwort ist mit dem Coach abgestimmt: »Ja. Schmerz. Einfach nur Schmerz – und was kann ich für Sie tun?« Er genießt diese Einstiegskommunikation, weil sie immer in das mündet, was ihm lange vorenthalten worden ist: Respekt! »Zimmermann kann schon hart drauf sein« wird zum geflügelten Wort in der Firma.

Menschen handeln auf der Grundlage der Bedeutung, die Dinge für sie haben – Sie erinnern sich? Durch Zimmermanns Fotografien wandelt sich seine Bedeutung vom Weichei zum mutigen Draufgänger. Durchsetzungsstärke, Biss, Positionierung, Grenzen setzen, Ansagen machen, all das kommt zunächst freundlich daher, in Abstimmung mit den anderen, win-win-orientiert, um Fairness bemüht und nachhaltig. Eine ordentliche Abstimmung ist die halbe Miete. Gelingt sie, wird jedes unangenehme Auftrumpfen, jedes Gewinnergehabe überflüssig.

Die Franzosen treiben den Wettbewerbsgedanken übrigens schon seit Jahren auf die Spitze, indem sie in feiner Pariser Lage die École de Guerre Economique, eine Akademie zur Wirtschaftskriegsführung, einrichteten. Postgraduates und potenzielle Aufsteiger sollen Wettbewerbssituationen analysieren, erkennen und verstehen lernen. Man spricht von **Competitive Intelligence**[45]. Es gilt, »stilvoll zu kämpfen. (…) Dabei ist es gerade in einem verschärften Wettbewerb wie heute wichtig, erfolgreich verhandeln zu können – zum Wohle der Firma und der eigenen Karriere (…). Es gilt: Ein erfolgreicher Verhandler sieht nicht nur die Fakten, um die es geht. Er versucht zu verstehen, wie das Gegenüber tickt, wo seine Schwächen liegen und wo die eigenen (...). Seine eigenen Ängste und Eitelkeiten im Griff zu haben ist deshalb Pflicht – wer zudem noch die des anderen kennt, hat eigentlich schon gewonnen.« [46]

Kampferprobte Alphatiere sind auch nur Männer

Ein Verhandlungsprofi hat ein schwieriges Gespräch mit einem vor Männlichkeit nur so strotzenden Verhandlungspartner vor sich. Kurzerhand bucht er ein Fotomodell namens Simona für den Termin. »Ihre einzige Aufgabe während der Verhandlung: Sie darf den Kunden nicht eines Blickes würdigen. Das macht das Alphamännchen nervös. Dann macht der Geschäftsführer ihm ein eigentlich nicht annehmbares Angebot und schließt die Offerte mit dem Satz: ›Oder fehlt Ihnen für so eine Entscheidung die Kompetenz?‹ In diesem Moment blickt Simona hoch und dem Kunden direkt in die Augen. Der plustert – ganz Mann – reflexartig sein Gefieder auf. Und der Deal steht.« [47]

Hier reichte das Bedienen männlicher Eitelkeiten mit einer Mischung aus Klischee und Cleverness, um zum Erfolg zu gelangen.

Mathias Schranner[48], früher Verhandlungsführer der Polizei bei Geiselnahmen, betreibt heute **Ghost Negotiations,** also Verhandlungen im Schatten bei schwierigen Wirtschafts- und Politikkonflikten. Sein Credo: »Einer der größten Irrtümer ist der Glaube daran, dass beide Seiten gewinnen können, dass eine Win-win-Vereinbarung möglich ist.« Schranners Leitgedanke hat es in sich: »Ja, Sie wollen gewinnen, und ja, es wird einen Verlierer geben. (...) Nein, nein werden Sie mir entgegenhalten: Ein Verlierer wird nie wieder mit Ihnen reden wollen und man sieht sich ja mindestens zweimal im Leben. Eine langfristige Partnerschaft funktioniert nur, wenn beide Seiten gewinnen.« Schranner kontert, Partnerschaft »funktioniert nicht, wenn beide tatsächlich gewinnen. Sie funktioniert nur, wenn alle Beteiligten die Gewissheit haben, gewonnen zu haben. Ihr Ziel sollte also sein, bei Ihrem Gegenüber die Gewissheit zu erzeugen, dass er gewonnen hat. Gewissheit, nicht Wahrheit. Der Verhandlungserfolg hat nichts mit Wahrheit zu tun, sondern spielt sich im Kopf der Verhandlungspartner ab. Vermutlich hat der Schweizer Christian Maegli, Mitarbeiter eines privaten TV-Senders, schon von Schranner gehört, denn er beantwortet die Frage »Welche Durchsetzungsformen brauchen Sie im Beruf?« wie aus dem Lehrbuch: »Ich kann bei Verhandlungen über Tätigkeiten mich unterschätzen lassen und so problemloser mein Wunschergebnis erreichen und dem Gegenüber das Gefühl geben, gewonnen zu haben, denn Win-win gibt es nicht; es reicht ja, wenn der andere denkt, auch im Win-Modus zu sein.« Für dieses Ziel kann es wichtig sein, glasklar zu kommunizieren, wenn es die Situation verlangt – ohne dass einen das emotional mitnimmt.

Bei vielen Berufstätigen sieht das anders aus. Die ärgern sich und warten, bis sich ihr Ärger von 15 Prozent auf 85 Prozent hochgeschraubt hat, um erst unter diesem Druck aktiv zu werden. Abwarten ist und bleibt keine gute Idee, denn aufgeschobener beruflicher Ärger verdirbt die Freizeit, raubt den Schlaf und macht Sie partnerschaftlich ungenießbar. Projizieren Sie stattdessen Ihr aufkeimendes Erregungspotenzial auf die, die es verdienen, bevor Sie wirklich verärgert sind. Praktizieren Sie **präventives Erschrecken.**

Wer erschreckt zur rechten Zeit ...

Versicherungsagentin Monika Armgard hat es sich in ihrem Unternehmen still und leise zur Angewohnheit gemacht, am Tag nicht mehr als drei Kunden zu kontaktieren, anstatt wie vorgegeben fünf. Diese drei Termine trägt sie in Großbuchstaben in ihren Büro-Timer ein, der dadurch voller aussehen soll. Knut Schmidt, ihr Chef, fühlt sich provoziert, weil er unterstellt, die Armgard halte ihn für zu blöd, bis fünf zu zählen. Das kann so nicht weitergehen, entscheidet der Chef, und will seiner Mitarbeiterin, die sich nicht an die Vorgaben hält, sofort telefonisch einen Rüffel erteilen. Allerdings erreicht er sie nicht. Daher delegiert er die Angelegenheit an seinen Stellvertreter Max Röder. Dieser hinterlässt Monika Armgard eine kurze Nachricht auf dem Anrufbeantworter: »Monika, ruf doch mal kurz zurück, ich müsste dich mal wegen unseres Chefs ein bisschen vorwarnen.«

Als sie zurückruft, plaudern die beiden kurz übers Tagesgeschäft und dann sagt Max: »Monika, ich muss dir jetzt doch mal ein wenig ins Gewissen reden. Nicht sauer sein, okay?« Er macht eine theatralische Pause. »Ich möchte dich nur darauf hinweisen, dass es leicht möglich ist, dass unser Chef dich demnächst darauf anspricht, dass du die Vorgaben nicht einhältst. Deine Wochenpläne machen nämlich den Eindruck, dass du dich auf drei Termine täglich eingependelt hast, und es erfordert ja eine gewisse Flexibilität, sich da wieder umzustellen. Am besten wäre es – und das würde ich an deiner Stelle machen – wenn du Schmidt selbst flott darauf ansprichst. Das käme gut an.« Monika Armgard bedankt sich. Sie findet es toll, dass Max sie informell vorgewarnt hat. Das hätte sonst großen Ärger geben können!

Max Röder ist stolz auf seine Interaktion: »Ich bin der gute Kumpel – er ist der Boss«, das altbekannte Prinzip »Good guy, bad guy«. Das höfliche Gespräch mit der Mitarbeiterin fruchtete, weil eine Auseinandersetzung mit dem verärgerten Chef im Raum stand, und die wollte Monika sicher nicht herausfordern. Das nennt man präventives Erschrecken oder – freundlicher formuliert – Steigerung der Reflexionsbereitschaft. Das Ergebnis von Monikas Schrecksekunde ist für die Firma erfreulich: Die Mitarbeiterin ist kuriert, sie traut sich nicht mehr, nur drei Kundenkontakte täglich zu machen. Sie wird schnellstmöglich eigeninitiativ ihr Terminproblem beim Chef ansprechen.

Und wenn Sie selbst präventiv erschreckt werden? So manche Maßnahme ist schnell durchschaut – wenn man die Taktik kennt. Ein Beispiel: Wenn ein Stressmacher-Chef seine Untergebenen nervös machen will, gibt es eine Killerphrase, die bevorzugt am Freitag kurz vor Feierabend kommt: »Ich muss mit Ihnen am Montag einmal grundsätzlich sprechen.« Der Satz hat Drohpotenzial und das ist auch so gewollt. Er soll sich wie ein langsam wirkendes Gift über das Wochenende entfalten und das Opfer in Angst und Schrecken versetzen bis hin zur Lähmung – sonst könnte der Chef ja auch sofort sagen, worum es geht. Tut er aber nicht. Sollte Ihr Vorgesetzter diese Phrase an Ihnen ausprobieren: Lassen Sie sich bloß nicht ins Bockshorn jagen! Verbieten Sie sich übers Wochenende beunruhigendes Kopfkino. Vermeiden Sie es, darüber zu grübeln, was da wohl am Montag auf Sie zukommen wird. Denn genau auf diese Reaktionen zielt dieses Timing ab. Es geht Ihrem Chef weniger um das Gespräch zu Wochenbeginn – das Sie am Montag natürlich bitterernst nehmen werden –, sondern es geht darum, Ihre selbstkritischen Gedankenspiele übers Wochenende auf Hochtouren zu bringen. Durchschauen Sie dieses Spiel und entspannen Sie sich. So schlimm wird es schon nicht werden. Das Beispiel verdeutlicht aber eines: Drohungen zeigen Wirkung. Manchmal kann man es aber einfach nicht bei der Drohung belassen, es müssen dann auch Taten folgen.

Kleinholz hacken statt Süßholz raspeln

Hans Papen arbeitet in einer Bank in Frankfurt. In einem kleinen Vorort im Taunus hat er eine Doppelhaushälfte gemietet. Nichts Besonderes. Hier wohnen ansonsten nur Eigentümer, zum Teil mit großzügigen Immobilien. Einige lassen Papen spüren, dass er nicht ihr Finanzlevel hat. Diese Hessen bilden sich etwas auf ihren Wohlstand ein und grenzen sich von dem Mieter ab, obwohl Hans sich wirklich Mühe gibt, mit allen gutnachbarschaftlich auszukommen. Er ist enttäuscht und angefressen. Besonders herablassend behandelt ihn eine 79-jährige Nachbarin, die ständig auf die Vorzüge ihres Außen- und Innenkamins hinweist. Papen habe wohl gar keinen Kamin? Ah ja … Für sie ist das ein Zeichen seiner materiellen und vermutlich auch intellektuellen Begrenztheit, denn »Sie haben wahrscheinlich nicht einmal ein Opern-Abonnement«. Diese Arroganz nagt. Ihm juckt es in den Fingern, der Alten eine Lektion in Sachen Bodenständigkeit zu erteilen. Die Lektion wird er später »die Papen-Methode« nennen. Als die alte Dame, die ihn an eine Dürrenmatt-Figur erinnert, zu einem Kurzurlaub auf die Balearen fliegt, schlägt seine Stunde der Rache.

Er zieht sich gegen 23 Uhr eine schwarze Jogginghose und ein schwarzes Kapuzenshirt an, schleicht in ihren Garten, der an sein Grundstück grenzt, und sägt einen kleinen japanischen Baum vor ihrer Terrasse ab, an dem sie besonders zu hängen scheint. Das Bäumchen trägt er auf den Schultern in seine Garage, zerlegt es dort in kamingerechte Stücke und stapelt diese fein säuberlich auf ihrer Terrasse. Für den ach so tollen Außen- und Innenkamin. Man ist ja gerne älteren Leuten behilflich beim Feuerholz …

Hans Papen bekennt freimütig im Interview, dass er seit Jahren wenig Befriedigenderes erlebt habe, denn die bissige Tat habe sein inneres Gleichgewicht ausbalanciert. Ein Nachspiel gab es übrigens nicht. Die alte Dame war zwar fassungslos, konnte aber in dem Biedermann Papen offensichtlich niemanden erkennen, der mit dieser Ungeheuerlichkeit etwas zu tun haben könnte. Ihr Tipp ging in Richtung ihrer eigenen Familie. Tja … den Mann hat sie dann wohl unterschätzt.

Die Psychologie spricht in so einem Fall von der **Wiederherstellung des homöostatischen Prinzips.**[49] Der österreichische Konfliktschlichter Ed Watzke formuliert es prosaisch. Er spricht nicht von schnöder Rache, sondern vom »äquilibristischen (= ausgleichenden) Tanz zwischen den Welten«.[50]

Sollen Sie nun die Bäume Ihrer unliebsamen Nachbarn absägen oder wahlweise den Bonsai des fiesen Kollegen verstümmeln? Natürlich nicht. Dieses – zugegeben grenzwertige – Beispiel soll Sie einfach nur inspirieren, über eigene bissige Taten in Ihrer Vergangenheit nachzudenken, um sie als Anknüpfungspunkte für zukünftige durchsetzungsstarke Aktionen zu nutzen. Denn um Widerständen im Berufsleben standzuhalten, brauchen Sie Mut. Sabine Hollek, Mitglied in einem Gemeinderat in Mecklenburg-Vorpommern, greift diesen Gedanken auf: »Ich strebe eine Ganzheitlichkeit an und will sämtliche Potenziale in Balance bringen. Meine Schattenseiten sind ein Teil von mir, und weil ich sie nicht wegbekomme, das zeigt mir meine jahrelange Berufserfahrung, will ich sie besser integrieren. Ich verspreche mir davon mehr Lebensfreude und Kraft sowie weniger Angst vor meiner dunklen Seite und der der anderen.« Entsprechend will Sie dieses Kapitel ermutigen, Ihre Schattenseite zu respektieren, wenn es nötig wird. Gleichzeitig warnt es vor einem Transfer ins Private: »**Don't try this at home« darf dabei als Leitsatz gelten,** denn alles, was im Beruf Erfolg versprechend ist, kann sich im Privatleben zur Katastrophe auswachsen: Gradlinig agieren, dicke Bretter bohren, mit langem Atem Widerstände porös machen, partiell grimmig agieren – das alles kann bei beruflichen Konflikten hilfreich sein. Im Privatleben ist es kontraproduktiv und führt bestenfalls zum **Pyrrhussieg.** Man schafft es zwar, beispielsweise seine Urlaubsziele oder Einrichtungswünsche gegenüber dem Partner durchsetzen, denn steter Tropfen höhlt auch hier den Stein. Bearbeitet man den Partner nur lange genug, wird er aus Verzweiflung schon irgendwann den Kopf hängen lassen. Dieses Nicken wird dann als Zustimmung fehlinterpretiert, bietet aber keine Basis für ein nachhaltiges harmonisches Privatleben. Pyrrhussiege rächen sich, denn der Genötigte wird sich, trotz entnervter Zusage, unwohl fühlen und irgendwann zurückschlagen. »Warum bist du so gereizt, das haben wir doch gemeinsam abgestimmt« wird dann zur wenig glaubwürdigen Erwiderung der privat Dominanten. Daher werden von modernen Partnern heutzutage zwei Rollenmodelle gleichzeitig verlangt: Kontinuität und Erfolg im Job sowie Nachgiebigkeit und Flexibilität im Privaten. Erst das sichert ein Maximum an Work-Life-Balance. Frederik Kunze, Coach, seit zwölf Jahren verheiratet und von einem historisch überholten Partnerschaftsmodell geprägt, verrät mit ironischem Unterton seine beiden Leitsätze, die er für die Garanten seiner Ehe hält: »1. Du hast recht. 2. Das sehe ich auch so.« Seine Anpassungsbereitschaft sei zwar das Gegenteil von Durchsetzungsstärke, so Kunze, aber aus seiner Sicht der Schlüssel zu seiner langjährigen befriedigenden Partnerschaft.

Christian Kupferschmied, Mitarbeiter einer kleinen Steuerkanzlei in Schleswig-Holstein, sieht sich sogar als Work-Life-Balance-Könner, im Gegensatz zu seiner Ehefrau, die ihn für ein wenig altmodisch hält. Kupferschmied empfiehlt nämlich seinen Geschlechtsgenossen: »Halten Sie zukünftig nach der Arbeit auf dem Heimweg an einer Tankstelle. Kaufen Sie dort die *Brigitte*, die *Cosmopolitan*, die *Living at home* oder eine andere bevorzugte Illustrierte Ihrer Partnerin. Zu Hause angekommen kochen Sie ihr ihren Lieblingstee, schenken ihr die Illustrierte und bieten ihr eine Nackenmassage ohne Hintergedanken an. Ihre Frau wird Sie für diese Aufmerksamkeiten lieben und Sie nicht verlassen.« Frage: Warum sollte sie Sie nicht verlassen? »Meine«, so Kunze, »hat mir einmal vorgerechnet, was sie mitnehmen würde, wenn sie ginge. Dagegen ist mein Steuersatz harmlos. Allein dieser Gedanke entfacht bei mir Liebe – in Zeiten des Zweifelns!« Dazu passt auch seine schlichte Erkenntnis als Steuerberater: »Nichts bringt eine bessere Rendite, als die Krisen in der eigenen Ehe durchzustehen.« Er blickt dabei auf 26 Ehejahre mit vielen Höhen und einigen wenigen Tiefen zurück.

Zurück zum Beruflichen und zu manchmal notwendigen schnörkellosen Feedbacks. Diese sollen dem Leitsatz der konfrontativen Pädagogik[51] folgen: »Akzeptanz und Wertschätzung der Gesamtpersönlichkeit bei gleichzeitiger Kritik der punktuellen Mängel«. Astrid Heine, Projektleiterin in der Kosmetikbranche, setzt das vorbildlich bei ihrer Mitarbeiterin um: »Ich schätze Sie sehr. Sie sind hier im letzten Monat souverän aufgetreten, und das nach nur so einer kurzen Einarbeitungszeit, Hut ab! Aber da ist ein Punkt, der ist für mich ein No-go: Ihr zu lässiger Umgang mit Formulierungen beim letzten Sitzungsprotokoll. Ändern Sie das bitte. Das ist nur eine Kleinigkeit, gemessen an Ihrer sonstigen Leistungsstärke. Ist das okay für Sie?« Astrid Heines Feedback basiert auf dem **Lob-Kritik-Lob-Prinzip** oder kurz LKL-Prinzip: Hässliche Wahrheiten werden schön verpackt und als Einzelmängel in einer Kette gelungener Aufgaben aufgereiht. So umrandet, sind die scharfen Anteile der Rückmeldung für die Kritisierten gut verkraftbar. Sie verlieren nicht ihr Gesicht, sodass sie weder frustriert noch gedemütigt, sondern motiviert das Gespräch verlassen – gerade weil nicht um den heißen Brei herumgeredet wurde. Entscheidend ist, dass Sie schnell auf den Punkt kommen und den zentralen Inhalt Ihrer Rückmeldung nicht durch zu viel Gerede verwässern. Melvin L. Silberman und Freda Hansburg empfehlen in ihrem Buch für die Dauer dieser LKL-Feedbacks einen kurzen zeitlichen Rahmen: maximal 60 Sekunden.[52] George Larcher, freier Kultur- und Sportjournalist, formuliert es so: »Glaubwürdige Freundlichkeit ist ein zentraler Schlüssel: Ich bringe Leute dazu, das zu tun, was ich für das Beste halte, indem ich sie sehr freundlich über Feedbacks und Komplimente gewinne. Die Leute durchschauen das natürlich, bleiben aber trotzdem eher positiv geneigt.«

Lob ist aber bei so manchem fiesen oder begriffsstutzigen Kollegen kaum angesagt, weil man schlicht nichts Lobenswertes findet, sondern nur von ihnen genervt ist. Da muss man dann schon deutlichere Töne anschlagen, um sich gegen diese Typen zur Wehr zu setzen. Die Frage »Welche Interaktionsformen demotivieren Sie an Ihrem Arbeitsplatz?« ergab entsprechend eine breite Antwortpalette bei meinen Fragebögen. Hinter jeder der folgenden Antworten steckt ein guter Grund, mit diesen Chefs und Kollegen im Team weniger freundlich umzugehen oder sie – manchmal mit bissigen Mitteln – zu einer Verhaltensänderung zu motivieren. Das ist allerdings ein schweres Stück Arbeit und gelingt bestimmt nicht immer. Das liegt weniger an Ihnen, sondern an der Borniertheit Ihres Gegenübers:

- »Ideenklau und der bewusste Ausschluss vom Chancenkuchen machen mich fassungslos.«
- »Primitiv finde ich, wenn mit gleicher Münze heimgezahlt wird. Wenn jemand, nur weil er unter Stress steht, kurz angebunden und schnippisch wird. Und ich verachte Choleriker und halte sie für hoffnungslose Fälle.«
- »Dummheit gepaart mit Machtgier ist die Höchststrafe. Mit Ironie und Sarkasmus kann ich gar nicht umgehen und ich denke manchmal, die wird nur angewandt, weil Vorgesetzte oder Kollegen nicht in der Lage sind, ihr Feedback seriös zu formulieren.«
- »Mich demotiviert es, wenn Kollegen, besonders wenn ich aus dem Urlaub komme, darüber klagen, dass sie zu wenig im Bilde sind. Mich nervt es 1., weil ich mich dann immer schuldig fühle, und 2., weil ich denke, dass sie sich ruhig eigeninitiativ die Infos hätten besorgen können – aber das traue ich mich nicht, ihnen zu sagen. Denn wenn ich die notwendige klare Ansage mache, wo es langgehen müsste, werde ich als

Mannweib mit Haaren auf den Zähnen tituliert, was völliger Blödsinn ist, mich aber trotzdem fertigmacht.«

- »Ich hasse konstantes Fehlersuchen oder wenn mir jemand dann auch noch mit dem Hinweis kommt, dass er wegen seines akademischen Abschlusses mehr Ahnung habe.«

Liebe Leserinnen und Leser, ohne solche Motivationstöter stünde natürlich jede Firma, jedes Unternehmen und jede Behörde substanziell besser da. Aber dafür muss ein Betriebsklima unterstützt werden, das Falschspieler in die Schranken weist. Lassen Sie sich im Berufsleben nicht unterbuttern. Höflichkeit bis zur Selbstverleugnung macht beruflich wenig Sinn. Das bedeutet nicht, dass Sie unhöflich agieren sollten. Auch hier gilt das richtige Maß. Lassen Sie Ihre Kollegen ruhig hin und wieder spüren, dass Sie auch aggro können, wenn Sie wollen.

Erziehungsmaßnahmen unter Kollegen

Elke Büscher ist in der Kosmetikbranche tätig und viel auf Achse. Dieses Mal hat man sie mit Maxmilian Wehrhan losgeschickt. Der Mann ist die Unpünktlichkeit in Person, er trödelt herum, wo er nur kann. So auch heute wieder. Nach einem anstrengenden Tag sitzt Elke Büscher schon im Taxi vor dem Hotel. Sie will einfach nur nach Hause. Und langsam wird es zeitlich eng, sie müssen jetzt endlich zum Flughafen. Und wo ist der Kollege Wehrhan? Na klar, der lässt sich wieder einmal Zeit und führt noch in Seelenruhe ein vermeintlich wichtiges Gespräch im Foyer. Es kommt, wie es kommen muss: Am Ende verpassen sie den Flieger. Elke bekommt erst die Spätmaschine nach Hause. Na toll, die rituelle Gute-Nacht-Geschichte für ihre Tochter fällt damit wohl aus. Die junge Mutter ist verärgert. Zu Recht.

Drei Wochen später dreht Elke den Spieß um, denn sie kann und will diese unmögliche Angewohnheit von Maximilian Wehrhan nicht mehr tolerieren. Dem muss mal einer einen Denkzettel verpassen! Sie behauptet daher, den Flieger um 20.25 Uhr gebucht zu haben und schafft es dann durch Verzögerungen, dass sie beide den Flug verpassen. Für sich selbst hat sie aber bereits im Vorfeld ein zweites Ticket für den letzten Flieger um 21.50 Uhr besorgt. Diese Maschine ist natürlich restlos überbucht. Also hat Maximilian keine Chance, noch einen Platz zu ergattern. Die Folge: Er muss die Nacht allein in Leipzig verbringen. Diesen Spaß hat sie sich also etwas kosten lassen. Sie könnte sich innerlich kaputtlachen. Das reicht ihr. Maximilian sagt sie nichts.

Ist Elke Büschers Retourkutsche gemein? Ja. Ist dieses Verhalten souverän? Nein. Tut es ihrer Psyche gut? Ja, und wie! Denn es sorgt für eine innere Ausgeglichenheit, fachlich gesprochen für ihre **persönliche Äquiliberation**. Und noch wichtiger: Wird Wehrhan sie zukünftig unterschätzen? Bestimmt nicht. Wird er stärker auf seine Pünktlichkeit achten? Hundertprozentig!

Was Sie sich unbedingt merken sollten: Win-win-Glaube und Aggressionsphobie – alles überflüssiger Kram

- **Akzeptieren Sie Ihre Schattenseiten!** Im Berufsleben ist es Pflicht, die eigenen Ängste und Eitelkeiten im Griff zu haben, denn Ihr Umfeld hat diese schon längst bei Ihnen erkannt. Wer zudem noch die Schwächen der Chefs und Kollegen kennt und auf diese Rücksicht nimmt, wirkt sympathisch und hat eigentlich schon gewonnen.
- **Nehmen Sie Abschied von der Win-win-Illusion!** Win-win gibt es nicht. Es reicht daher, wenn Ihr Gegenüber denkt, auch im Win-Modus zu sein. Geben Sie ihm also ein gutes Gefühl!
- **Kappen Sie Ihren Geduldsfaden, bevor er reißt!** Warten Sie in Konfliktsituationen nicht zu lange ab, das verdirbt Ihnen nur die Laune. Projizieren Sie stattdessen Ihr aufkeimendes Erregungspotenzial auf die, die es verdienen, bevor Sie wirklich verärgert sind. Es reicht dabei meist völlig aus, nur so zu tun, als seien Sie auf 180!
- **Verpacken Sie Ihre Kritik richtig!** Folgen Sie bei kritischen Feedbacks dem Leitsatz der konfrontativen Pädagogik: Akzeptanz und Wertschätzung der Gesamtpersönlichkeit Ihres Gegenübers bei gleichzeitiger Kritik der punktuellen Mängel. Und das bitte in gedämpfter Tonlage! Sie vermeiden damit Kränkungen und Folgekonflikte.

Was Sie jetzt zu tun haben: Erregungsanalyse, bissige Taten und LKL-Feedback

- **Aufgabe 1:** Führen Sie eine Erregungsanalyse durch. Denken Sie dazu an Menschen, die Ihnen so tierisch auf den Wecker gehen (oder gegangen sind), dass deren Aktionen Sie schon auf die Palme bringen, wenn Sie sich nur daran zurückerinnern. Bestimmt fallen Ihnen ein paar Pappenheimer ein: Ex-Kollegen, ehemalige oder aktuelle Chefs oder vielleicht der Ex-Partner oder ein falscher Freund? Notieren Sie sich die Namen. Das Kopfkino rund um diese unangenehmen Zeitgenossen in Berufssituationen dient dazu, Sie spontan verärgert oder zumindest sehr ernsthaft wirken zu lassen, obwohl Sie in Wirklichkeit ganz entspannt sind. Tun Sie mit der Erregungsanalyse so, als ob, bevor Sie wirklich hochgehen. Das ist auch eine gute Burn-out-Prophylaxe!
- **Aufgabe 2:** Bissige Inszenierungen fallen Ihnen leichter, wenn Sie gedanklich an bissige Taten aus Ihrer Vergangenheit anknüpfen können. Schreiben Sie zwei dieser Taten auf, die Sie einmal begangen haben, privat, in der Ausbildung oder beruflich. Vielen, denen ich diese Aufgabe stelle, fällt allerdings spontan nichts ein. Das macht nichts. Lassen Sie sich einfach Zeit, vielleicht kommen Ihnen die Geschichten in zwei Wochen in den Sinn oder vor dem Einschlafen – inklusive einer diabolischen Freude.
- **Aufgabe 3:** Üben Sie das LKL-Prinzip. Lernen Sie, hässliche Wahrheiten so zu verpacken, dass Ihr Gegenüber die kritische Rückmeldung positiv und ohne Kränkung verkraften

kann. Denken Sie dazu an einen Kollegen, dem Sie eigentlich einmal ein paar Takte erzählen müssten. Jetzt überlegen Sie sich zwei Punkte, die Sie an dieser Person trotzdem toll finden, dann kommt der konkrete Punkt, der kritikwürdig ist, und dann wieder ein Aspekt, der toll ist. Die Kritik ist dadurch wohlwollend eingebettet und kann von Ihrem Gegenüber ohne narzisstische Kränkung angenommen werden. Üben Sie das LKL-Gespräch zwei- bis dreimal vor dem Spiegel, bis Sie finden, dass Sie gut rüberkommen. Denken Sie daran: Nur 60 Sekunden sollte so ein Feedback dauern!

KAPITEL 4

LIBIDO UND THANATOS: WARUM SIE IHREN POSITIV-AGGRESSIVEN POTENZEN NICHT ENTFLIEHEN KÖNNEN

Über Löschen durch Ignorieren, das Schrotgewehr-Prinzip und das Aggressionsparadoxon

Von Geburt an bissig

Stellen Sie sich eine Säuglingsstation im Krankenhaus vor. Nebeneinander liegen die kleinen Würmchen in ihren Bettchen. Das Gros der Neugeborenen ist derart entspannt, dass die Mütter sie liebevoll stupsen müssen, damit sie nicht während des Stillens einschlafen. Um diese Yoga-Babys wollen wir uns an dieser Stelle nicht kümmern.

Wir wollen uns stattdessen auf eine andere Baby-Gruppe konzentrieren: Diejenigen, die den Busen der Mutter auf der Suche nach Milch derart kraftvoll malträtieren, dass dieser durch Plastikkäppchen geschützt werden muss, um den Stillvorgang für die Mutter schmerzfrei zu gestalten. Kaum auf der Welt, demonstrieren diese neugeborenen, noch zahnlosen Beißer ihr forderndes Potenzial. Ob sich dieses natürliche Power-Potenzial im weiteren Lebensverlauf konstruktiv oder destruktiv entwickelt, ist zu diesem Zeitpunkt völlig offen. Das hängt vom Einfluss der Kultur, der Erziehung und der Sozialisation ab, die diesen Neugeborenen in den nächsten Monaten und Jahren zuteil wird.

Wie könnte diese Zukunft aussehen? Das Worst-Case-Szenario: Eine Erziehung zum Bösen wird dieses Baby in seinem späteren Leben dazu bringen, Böses zu tun und seine natürliche Power etwa zur Führung einer Gruppe von Hooligans oder zum Mobbing zu missbrauchen. Das Best-Case-Szenario: Dieses Aggro-Baby (im positiven Sinn) wird seine Power nutzen, um innovativ und hilfreich zu sein, sich selbstständig zu machen, ein Sozialunternehmen zu leiten und Arbeitsplätze zu schaffen.

Der Biss ist von Natur aus vorhanden, seine Wendung zum Guten oder Bösen[53] hängt vom Umfeld und dem eigenen Willen ab.

Also, was hat es mit Aggressionen auf sich und wie können Sie diese Kraft für sich nutzen? Das Wort »Aggression« leitet sich vom lateinischen Verb »aggredi« ab, das zunächst einmal nicht mehr heißt als »sich vorwärts bewegen« und »auf etwas zugehen«. Ist doch an sich nichts Schlechtes, oder? Diese Tatkraft trägt jeder Mensch von Geburt an in sich. Fachlich gesprochen gilt Aggression als ubiquitäres, also in jeder Altersklasse, bei beiden Geschlechtern und in allen Kulturen vorkommendes Phänomen.

Positive Aggression beschreibt den Biss, der einem in schwierigen beruflichen Zeiten hilft, zu bestehen und voranzukommen. »Der Begriff ›positive Aggression‹ scheint auf den ersten Blick ein Widerspruch in sich zu sein«, sagt Hedwig Kellner, Autorin von *PA – der Karrierefaktor*.[54] Dieser Widerspruch kann aufgelöst werden, denn positive Aggression »im Berufsleben kennzeichnet Menschen, die Tatkraft zeigen (…), die standfest und mutig ihre Meinung auch dann vertreten können, wenn Mehrheiten oder Ranghöhere ihnen nicht zustimmen (…), sich in Konferenzen und Besprechungen Gehör verschaffen können, ohne dabei das Zuhören zu vergessen, die sich auch bei Niederlagen und Widerständen immer wieder selbst ermutigen (…), die auch mal Entscheidungen treffen können, die ihnen vorübergehend oder dauerhaft Sympathieverluste einbringen können«. Hedwig Kellner beschreibt das erstrebenswerte Ideal des mündigen Berufstätigen, der sich etwas zutraut und nicht bei ersten Widerständen und Kritiken einbricht, sondern an sich und seine Idee glaubt. Kellners Definition hatte ich bei der Auswertung der Aggro-Fragebögen im Hinterkopf, in denen nach Erwartungshaltungen und Wünschen zur positiven Aggression gefragt wurde. Die Antworten sind spannend und entwaffnend ehrlich – und sie zeigen, dass viele beruflich Engagierte in dieser Frage weiterkommen möchten:

- »Ich kann schlecht mit Aggressionen umgehen und unterdrücke sie, neige dann aber auch zu unkontrollierten Ausbrüchen, meist im Privaten, bleibe aber im Job sprachlos und handlungsunfähig, wenn mich jemand persönlich, berechtigt oder unberechtigt, angeht. Das will ich ändern, denn so ist es eine sinnlose Energieverschwendung, die auch noch meine Familie trifft.«
- »Meine immer größer werdende Durchsetzungsunfähigkeit ist zur beruflichen Überlebensfrage geworden. Ich möchte mit den Haien schwimmen lernen, ohne gefressen zu werden. Hai möchte ich aber nicht werden.«
- »Mehr Mut zur notwendigen Auseinandersetzung ist mein Ziel. Zu Beginn meiner beruflichen Laufbahn hatte ich einen gewissen Biss, nicht übertrieben, aber wirkungsvoll, der mir im Laufe von vielen Teamseminaren abgeschliffen wurde, sodass ich jetzt lau daherkomme: Ich möchte also zurück zu meinen Wurzeln, weil mir die guttaten und dem Vorankommen unserer Abteilung auch.«
- »Ich wünsche mir, es endlich nicht mehr allen recht machen zu wollen – wenigstens im Beruf. Ich bin ein Hasenfuß und möchte ein Bleifuß werden. Ich bin zu feige zum Kämpfen, das ist meine eine Seite, aber ich weiß auch ganz genau, ich möchte nie wieder Opfer sein und das will ich irgendwie zusammenbringen.«
- »Ich fühle mich relativ schnell unterdrückt, Männerthemen wie Sportwagen und joviales Männergehabe nerven mich, aber dagegen angehen kann ich auch nicht, weil ich aggres-

sives Verhalten grundsätzlich ablehne und ich mir schon Formen der Spitzfindigkeit oder Schlagfertigkeit verbiete, ohne eine Alternative zu haben. Von Männern werde ich in meinem beruflichen Umfeld in der Justiz nicht selten aggressiv konfrontiert, mein Innerstes schreit nach Flucht und genau diesen Instinkt will und muss ich loswerden. Ich will nicht mehr weglaufen, ich will die verjagen!«

Solche und ähnliche Antworten tauchten in den Aggro-Fragebögen immer wieder auf. Sie beschreiben also kein Einzeldilemma, sondern sprechen vielen Mitarbeitern aus der Seele, die sich aus falsch verstandener Rücksichtnahme selbst schwächen und zu selten, im Sinne Hedwig Kellners, Tatkraft und Standhaftigkeit zeigen, sich Gehör verschaffen, Unverschämtheiten kontern und Zivilcourage demonstrieren. Hier kann die Schulung der positiven Aggression helfen. Lisa Bourquin, Mitarbeiterin einer Spedition im Saarland, will genau das versuchen: »Ich möchte meine Furcht davor verlieren, im Fokus zu stehen, wenn ich mich durchgesetzt habe und dann natürlich auch begutachtet werde, ob ich es denn bringe. Ich möchte dabei lernen, den täglichen fiesen Angriffen aus der Männerwelt mit mehr Humor entgegenzuwirken.« Für Christian Frank, der Events in Dresden organisiert, wird die positive Aggression zur Existenzfrage: »Was ich nicht bei Kollegen und Mitarbeitern – auch einmal aggressiv – durchsetze, muss durch meine eigene Leistung ausgeglichen werden. Habe ich das als Zusatzjob bis an den Rand meiner Leistungsfähigkeit ein paarmal ausgeglichen, ist mein eigener Burn-out nur noch eine Frage der Zeit und dafür werde ich dann auch noch als leistungsschwach kritisiert.«

Positiv Aggressive setzen ihre Dynamik in kulturelle, sportliche, soziale oder wirtschaftliche Leistung um. Die Psychoanalyse nennt dieses Phänomen **Sublimierung**. Mit diesem Begriff werden Aktivitäten erklärt, »zum Beispiel schöpferische Tätigkeit, intellektuelle Arbeit und ganz allgemein Betätigungen, denen eine gegebene Gesellschaft einen großen Wert beimisst«.[55] Diese Aktivitäten speisen sich aus sexuellen und aggressiven Impulsen, denn die stellen »große Kraftmengen zur Verfügung und dies (...) infolge der besonders ausgeprägten Eigentümlichkeit, sein Ziel verschieben zu können, ohne wesentlich an Intensität abzunehmen«.[56] Diese Verschiebung kann von der körperlichen Aggressivität zur Spitzenarbeitsleistung führen oder von der sexuellen Verausgabung zur Ergebnissteigerung im Sport geschehen. Nur deshalb wird Sportlern vor großen Turnieren sexuelle Zurückhaltung empfohlen. Exzellent analysiert haben das positiv-aggressive Themengebiet die Autoren Robert Greene (*Die 48 Gesetze der Macht*), Jürgen Lürssen und Marc Oliver Opresnik (*Die heimlichen Spielregeln der Karriere*) sowie Robert I. Sutton (*Der Arschloch-Faktor*):[57] realistisch, mit Augenzwinkern, praxisnah und deswegen auch nicht immer ethisch korrekt. Sie sind sich dabei bewusst, dass allein das Aussprechen harter beruflicher Realitäten schon zur Kritik führen kann, gerade in Gesellschaften, in denen politische Korrektheit heilig ist. Norbert Bolz und David Bosshart kommentierten schon Mitte der Neunzigerjahre in *Kult Marketing* süffisant: Ethik zähle »zu den Wörtern, deren bloßes Aussprechen schon ein zivilisatorisches Hochgefühl mit sich bringt. Ethik verschafft die narzisstische Befriedigung, sich für besser halten zu dürfen als die anderen (...) Dass man eine Sache moralisch beurteilt, genügt hierzulande meist schon, um als guter Mensch zu gelten.«[58] Die Nachwuchsdesignerin Dorothee Gurtner weiß, wovon hier gesprochen wird: »Ich möchte Nein sagen können ohne schlechtes Gewissen und dafür die Just-Smile-Stärke der Asiaten pflegen, sodass alles an mir abprallt wie an Teflon.«

So jemanden habe ich nicht verdient –
die anderen schon!

Michael Roos ist Abteilungsleiter in einem Wuppertaler Kaufhaus, das Teil einer bundesweiten Kette ist. Und er ist mit seinem Latein am Ende, denn er hat mit Irene Seidler, einer klugen, gut integrierten, aber intriganten Assistentin, definitiv den Schwarzen Peter gezogen. Seit knapp einem Jahr sabotiert sie schon die Kommunikation in seinem Bereich. Irene Seidler gibt Absprachen in eigener bis eigenwilliger Interpretation weiter, die wiederholt zu Spannungen führen und immer wieder zur Verwirrung unter den Mitarbeitern beitragen. Michael Roos ist im Grunde ein geduldiger Mensch, aber nun entwickelt auch er Biss. Diese unmögliche Frau hat ihn jetzt lange genug gequält! Daher versucht er, die Seidler loszuwerden. Leider erfolglos, denn die Mitarbeitervertretung bescheinigt Frau Seidler eine hohe Professionalität. So ein Mist!

Als die Mitarbeitervertretung dann aber kurze Zeit später selbst händeringend eine neue Assistenz sucht, hat Michael Roos eine geniale Idee: Geschickt gelingt es ihm, Irene Seidler zu motivieren, sich intern auf die freie Stelle zu bewerben – bei ihrer Qualifikation und Professionalität. Dank der eigenen erstklassigen Beurteilung – die Mitarbeitervertretung hatte ihr schließlich die blumigsten Kompetenzen bescheinigt – können die Verantwortlichen zu der Bewerbung schlecht Nein sagen. Michael Roos ist stolz auf sich, dass er ihnen den Schwarzen Peter in Gestalt von Irene Seidler so elegant unterjubeln konnte. Insgeheim lacht er sich ins Fäustchen. Soll sich doch die Mitarbeitervertretung ab sofort mit ihrer »Professionalität« herumschlagen! Er ist froh, dass er aus der Nummer raus ist und in seinem Bereich endlich Ruhe einkehrt.

»Wer Erster sein will, kann dem Gegner gleichwohl mit Respekt und Fairness begegnen, anerkennen, wo der andere besser ist. Und dort kooperieren, wo es der eigenen wie der gemeinsamen Sache nützt«.[59] Ethik und Durchsetzungsstärke mit Augenmaß sind kein Widerspruch: Das ist ein schöner Satz, der hervorgehoben werden soll, weil er Ihnen Ihr Schuldgefühl nehmen kann, wenn Sie von Zeit zu Zeit bissiger agieren müssen. Hermann Attems, Vertriebsmitarbeiter im Finanzwesen, fühlt dennoch die tägliche Zerreißprobe: »Wegen Umstrukturierungen finden bei uns viele Machtspiele auf allen möglichen Ebenen statt. Man kann sich dem kaum entziehen, aber miese Tricks anwenden, das kommt für mich nicht infrage. Die Mechanismen möchte ich aber verstehen. Ich erhoffe mir, dass es dann für mich berechenbarer wird.« Hermann Attems ist ein nachdenklicher Mensch, der über die Entwicklung der Kollegen reflektiert. Das ist gut, denn die Sozialisation, also die Entwicklung des Menschen, ist ein lebenslanger Prozess, der uns in Bewegung hält, wie der Bielefelder Sozialforscher Prof. Dr. Klaus Hurrelmann betont.[60] Also behaupten Sie bitte nicht, Ihre Persönlichkeitsentwicklung sei abgeschlossen. Weder die Rolle des Schäfchen-Typs noch die des mobbenden Kollegen ist unveränderbar. Es besteht die lebenslange Option auf Besserung. Regine Schaudt aus der ostdeutschen Baubranche setzt darauf: »Ich möchte meine eigene, oftmals unterdrückte Aggression konstruktiv nutzen. Ich suche Klarheit, die mir Sicherheit gibt, damit ich weiß, dass ich das Richtige tue. Als Frau in der Baubranche habe ich viel Kontakt mit Investoren, Bauherren und Bauarbeitern. Die dort gezeigten Aggressionen im täglichen Umgang sind relativ offen, wobei ich große Mühe habe, mich schlagfertig zu verhalten, ohne innerlich und äußerlich zu emotional zu werden.«

Wer seine aggressive, seine bissige Seite verleugnet, hat auf Dauer schlechte Karten. Denn Ihren aggressiven Potenzen können Sie nicht entfliehen. Keine Chance. Ja, Sie können sie unterdrücken, mit dem Effekt, dass Sie irgendwann autoaggressiv reagieren und zum Beispiel bulimische Tendenzen oder eine Anorexia nervosa, also Essstörungen, entwickeln. Oder Sie stürzen sich in suizidal angehauchte Extremsportarten wie Freeclimbing oder Base-Jumping oder spülen Ihren unterdrückten Ärger mit der Kognaktherapie hinunter. Alles kontraproduktiv, das sehen Sie auch so, oder?

Autoaggression ist keine Lösung!
Alkohol auch nicht ...

Bei Wolfgang Rohrmann stimmen die Zahlen nicht und die Versicherung sitzt ihm mit ihren Vorgaben im Nacken. Wolfgang fühlt sich erschöpft, er möchte nur noch abschalten. Dabei hilft ihm die **Kognaktherapie**, die er sich selbst »verordnet« hat. Denn er hat festgestellt: Ab 22 Uhr konsumiert, senkt der hochprozentige Kognak seine innere Unruhe, vernebelt die Zukunftssorgen und fördert den Schlaf.

Jedem – auch Wolfgang Rohrmann – sollte klar sein, dass das keine Dauerlösung sein kann. Gegen sporadischen Genuss von Alkohol ist im Grunde nichts einzuwenden. Wenn man aber Kognak trinkt, um besser schlafen zu können, weil einen die beruflichen Problemlagen nicht mehr zur Ruhe kommen lassen, dann ist es Zeit, sich von dieser autoaggressiven Gewohnheit zu verabschieden und Gegenstrategien zu entwickeln. Wenn es Wolfgang Rohrmann auch mithilfe eines Coachings nicht gelingen sollte, seine Alkohol-Flucht-Neigung in Angriff umzumünzen, indem er seine Einsteckerqualitäten kultiviert und selbstbewusster wird, wird es auf Dauer schwer für ihn werden.

Versuchen Sie, Ihr Bisspotenzial mithilfe strategischer Gedankenspiele zu wecken. Die Germanistik spricht hier vom **inneren Monolog** und der geht ganz einfach: Antizipieren Sie drohenden Ärger, spielen Sie Konfrontations- und Konfliktsituationen in Gedanken durch, und zwar so lange, bis Sie mit

Ihrem Verhalten in der Situation zufrieden sind. Das haben Sie ja schon beim Nein-Sagen geübt und Sie wissen: Das kann dauern, aber Übung macht den Meister. Ich persönlich gehe dabei gerne durch mein Büro, bildlich gesprochen auf der Suche nach dem richtigen Standpunkt. Das ist eine Angewohnheit, die Kollegen schon irritieren kann.

Positiv aggressiv zu handeln bedeutet, dass Sie nie sofort und direkt reagieren, sondern die Vor- und Nachteile jeder Aktion im inneren Monolog abwägen und gedanklich erproben. Sie denken, das sei zu aufwändig? Ich denke, es lohnt sich, weil es Sie vor Kommunikationsfehlern schützen wird. Erfolgreiches Handeln zeichnet sich durch Nachhaltigkeit aus, nicht durch Blitzgeschwindigkeit. Verstehen Sie mich nicht falsch: Dies ist kein Plädoyer für Entschleunigung,[61] denn nach ein bis zwei Nächten des Nachdenkens sollte Ihre Reaktion dann schon erfolgen. Gefährlich ist aber der spontane Schuss aus der Hüfte, weil der einfach schnell danebengehen kann. Angela Wehlitz, Werberin in Bielefeld, hat den Ansatz erfasst. Nur mit der Umsetzung hapert es noch: »Ich brauche die Fähigkeit zum Zusammenspiel zwischen punktuellem Egoismus und konstruktiver Zusammenarbeit. Ich überlege mir, etwas klarzustellen, führe das Klarstellungsgespräch vor meinem geistigen Auge, finde es gut – traue mich dann aber nicht, das zu realisieren, und fühle mich als Totalversagerin.«

Angela Wehlitz kann geholfen werden, vorausgesetzt, sie macht sich bewusst, was richtig dosierte positive Aggression konkret bedeutet. Dafür nenne ich ihr und Ihnen jetzt einige wichtige Kernaussagen[62] mit denen Sie sich anfreunden sollten – wenn Sie mir diese Omnipotenzfantasie erlauben:

1. Positive Aggression heißt, Sie kämpfen konsequent für Ihre Interessen, streben aber kein Niedermachen Ihres Gegenübers an. Sie demütigen keine Schwächeren, sondern begegnen Ihrem beruflichen Umfeld mit Respekt. Das gelingt leider nicht

allen. Auch nicht Marc Eckert, einer Nachwuchskraft in der Druckindustrie: »Ich habe es jetzt geschafft: Gestern habe ich das Sekretariat richtig zusammengefaltet. Die sollen gleich wissen, woran sie sind!« Meine Antwort: »Na, herzlichen Glückwunsch. Und morgen falten Sie den Praktikanten zusammen und übermorgen den Harz–IV-Empfänger, richtig?« Untergebene zusammenzufalten ist keine positive Aggression, sondern einfach nur schäbig. Statusschwächere erniedrigt man nicht, die motiviert man, zumal sich der Charakter eines Menschen gerade am Umgang mit den Unterlegenen messen lassen muss. Positive Aggression bedeutet dagegen Kampf auf meiner Hierarchieebene oder der Ebene darüber. Klar, ein solcher Kampf birgt auch Risiken und ist gerade deswegen präzise zu durchdenken.

2. Positiv Aggressive sind nachtragend, im Guten wie im Schlechten. Sie wissen, wer ihnen in schweren Zeiten geholfen hat, vergessen das nie und sind dankbar dafür. Sie praktizieren Fairness, Zuverlässigkeit und Seriosität, können aber auch mit härteren Bandagen kämpfen, um nicht untergebuttert zu werden. Der Logistikmitarbeiter Robert Nabholz hat das noch nicht so drauf: Er sichert sich bei einer schwierigeren Aufgabe die Unterstützung seiner Kollegin Herma Kaiser, die ihm auch hilfsbereit zur Seite springt. Aber nur zwei Tage später gibt er ihr im Meeting öffentlich eine harte Rückmeldung, die an ihrer Reputation kratzt. Er nennt das sein »authentisches Feedback« und verscherzt sich damit (zu Recht!) ihre Gunst. Mit Folgen. Herma Kaiser täuscht ihn daraufhin ganz bewusst, lässt ihn bei einer anderen Aufgabe komplett hängen und mit dem Auftrag so gegen die Wand fahren, dass Nabholz zum Tratschthema bei den Kollegen wird und bei der Geschäftsleitung Abbitte leisten muss. Positiv Aggressive sind nachtragend und das ist auch gut so, denn einem Kollegen wie Robert Nabholz helfen, um sich dann zur Belohnung eine Watschen abzuholen,

darf nicht zum Prinzip der Mitarbeiterkommunikation werden. Ob man Herma Kaisers Reaktion nun gutheißt oder nicht: Nabholz dürfte seine Lektion gelernt haben.

3. Positiv Aggressive haben einen langen Atem. Sie wissen, dass sie nicht heute gewinnen müssen, es kann auch im nächsten Monat sein oder in einem halben Jahr. Peter Bucher lässt seine Projektideen im Notfall fünf Jahre in der Schublade liegen, um sie dann im Mainstream der Zeit wieder hervorzuzaubern. Er hat die Geduld, nicht sofort gegen den Zeitgeist arbeiten zu müssen. Er praktiziert die Strategie der Wiedervorlage: Projektüberschrift leicht abändern, Einleitung und Resümee aktualisieren – schon strahlt die alte Idee im neuem Glanz und findet vielleicht jetzt ihren Abnehmer.

4. Positiv Aggressive sind mit Vorsicht zu genießen. Sie können auch anders – wenn sie müssen. Sie haben Kenntnisse vom beruflichen Schachspiel, also der Frage, wer in der Firma Läufer, Dame, Bauernopfer oder König ist. Wie auch Sie diese Verstrickungen durchschauen können, erfahren Sie in Kapitel 9. Dann wissen Sie genau, wo sich das Kämpfen lohnt. Denn ich hoffe, Sie sind nicht so naiv-authentisch, um für eine gute Sache zu kämpfen, die überhaupt keine Erfolgsaussichten hat. Martin Dubs, Mitarbeiter eines norddeutschen Autokonzerns, definiert dieses Abwägen so: »Ohne Intensität läuft bei mir nichts. Ich schlage sehr selten zu, in ganz wenigen Bereichen, dann aber ordentlich. In der Autobranche brauche ich das jedenfalls. Ich denke, ab und zu macht der direkte Schlagabtausch unter vier Augen einfach Sinn, egal wie es ausgeht. Das ist dann wie ein Ausrufezeichen. Ich kann so ein hartes Gespräch gut ertragen, auch wenn dabei Gefühle verletzt werden. Das Anerkennen guter und das Kritisieren ungenügender Leistungen finde ich in solchen Gesprächen wichtig.« Auch seine Kollegin Helga Leyter ist beruflich mit Vorsicht zu genießen. In ihrem Privatleben dominiert bei ihr allerdings die Rachsucht, die sie

als positiv Aggressive disqualifiziert: »Ich beherrsche es wunderbar, Leute beruflich ins Leere laufen zu lassen, mache das aber nie grundlos. Ich habe dabei die Fähigkeit, andere an meinem eigenen Chaos zu beteiligen, sodass es den Anschein bekommt, es sei eigentlich ihr Chaos und ich nur das Opfer. Manchmal übertreibe ich es. So habe ich einen Kollegen hinter vorgehaltener Hand als Toupetträger entlarvt, was den wahnsinnig ärgerte, weil er ein Spitzenmodell trug, das nicht als Toupet erkennbar war. Meine böseste Tat war aber sicher, als ich den USB-Stick meines frisch geschiedenen Mannes verschwinden ließ, auf dem er seine Dissertation gesichert hatte – dass ich vorher das Original in seinem Laptop gelöscht habe, versteht sich von selbst.« So sehr Helga Leyters Wunsch nach Rache gerade bei einer privaten Trennung als typische Phase nachvollzogen werden kann, bleibt das Verhalten unseriös und unangemessen. Es bleibt der Verdacht bestehen, dass sie zu ähnlichen Taten auch beruflich fähig ist. Bei ihr ist also Vorsicht, nicht Vertrauen geboten.

5. Positiv Aggressive bauen ein Netzwerk auf und pflegen dieses durch Gesten der Kollegialität: Lisa Vierkötter, Mitarbeiterin in der Prozessberatung in Köln, setzt auf Lobkultur: Wenn eine Kollegin einen Projektentwurf schreibt, der positiv im Team ankommt oder über den Firmenverteiler Anerkennung findet, dann gratuliert sie einfach, wohl wissend, dass dies nur die wenigsten tun. Ein Netzwerk pflegen heißt, die gelungenen Aktionen der Mitspieler auch öffentlich zu würdigen. Häufig geschieht in Unternehmen das Gegenteil: Positive Leistungen werden kommentarlos als selbstverständlich zur Kenntnis genommen, denn nicht geschimpft – so die schwäbische Weisheit – ist gelobt genug. Niederlagen werden dagegen nonverbal, also mit abwertenden Blicken oder Gesten, verstärkt oder als Anlass zur Diskussion genommen. Positiv Aggressive sind dagegen in der Fehlerfrage

großzügiger. Ihr Motto lautet: Wer viel macht, macht auch mal Fehler. Wer Gutes macht, verdient Respekt. Pflegen Sie daher die Lobkultur und stechen Sie aus der nörgelnden Masse der Larmoyanz angenehm hervor. Ursula Binder, eine junge Beraterin aus Hamburg, hält Nörgler für demotivierende Profilneurotiker: »Leute mit einer Vorliebe für auftrumpfende Kritik, sobald ein Arbeitsfehler entdeckt wird, disqualifizieren sich selbst, weil man ihnen ihre Gehässigkeit regelrecht ansieht, und das kommt weder im Team noch bei der Leitung und schon gar nicht bei mir an.«

6. Positiv Aggressive zeigen überdurchschnittliches Engagement, sind Teamplayer und gleichzeitig auch immer ein wenig utilitaristisch ausgerichtet, das heißt, sie überlegen, was und wer ihnen im Beruf nützen kann oder wer nur Zeit kostet. Die Einteilung von Kollegen nach deren Zeitkosten-Faktor klingt zwar auf den ersten Blick grob. Wer aber Familie, Kinder oder zeitintensive Hobbys hat, weiß, dass er ohne diese Fokussierung Berufliches und Privates kaum in Einklang bringen kann. Die Handlungskompetenzforschung spricht von der Fähigkeit zur **Ambiguitätstoleranz**, das heißt, dass unterschiedliche Anforderungen von Chefs, Kollegen, Partnern, Kindern, Freunden und Eltern so abgeglichen werden, dass es nirgends zum Beziehungsabbruch kommt. Positiv Aggressive setzen also Prioritäten und verzetteln sich nicht, auch wenn das bei unwichtigen Kollegen zur Irritation führen kann. Dabei hilft ihnen ihre Bereitschaft, zu delegieren. Renate Loeb, Marketingfrau aus Wiesbaden, zieht da allerdings nicht mit: »Ich schätze meine Dilettantismus-Allergie, weil sie mich immer wieder zum präzisen Planen und Arbeiten motiviert, wie ein wohltuender Stachel im Fleisch. Meine Ungeduld, mein Perfektionismusanspruch und meine Botschaft, dass ›nur das Eigene gut genug ist‹, werden allerdings auch als unangenehm empfunden.« Renate Loeb hat offensichtlich Biss, aber ihre Formu-

117

lierung, nur das Eigene sei gut genug, deutet auf eine mangelnde Fähigkeit zum Delegieren hin – eigentlich untypisch für positiv Aggressive.

7. Positiv Aggressive handeln nach dem **Schrotgewehr-Prinzip**, denn sie versprechen sich positive Effekte von der Streuung. Jens Bührer, der für ein Architekturbüro im Schweizerischen Küssnacht akquiriert, stößt zehn Projekte an und hofft, dass etwas davon auf die Erfolgsspur kommt: »Ich persönlich weiß nie, welche Treffer ich landen werde. Sonst würde ich ja nur mit denen starten und mir die ganze restliche Anschubarbeit ersparen. Aber das ist schwer im Voraus zu kalkulieren. Also starte ich mit mehreren und hoffe, dass ein oder zwei durchkommen. Über die Projekte, die es nicht schaffen, kommuniziere ich nicht, klingt ja auch nicht so gut. Aber die zwei anderen betone ich, sodass ich beruflich gut dastehe als der, der ständig was anschiebt. Mich irritiert, dass die Volltreffer nur selten meine heimlichen Favoriten sind. Die ›Verlierer‹ lege ich in meine Schreibtischschublade und warte ab, ob ich die nicht ein Jahr später noch einmal irgendwo unterbringen kann.« Jens Bührer hat mit dieser Wiederholungsstrategie recht, denn das, was heute durchfällt, kann schon morgen wieder den Zeitgeist treffen. In der Mode ist das eine ganz selbstverständliche Erkenntnis.

Positive Aggression kann in Ihrem beruflichen Umfeld Irritationen bis Neid auslösen. Vielleicht sind Sie selbst schuld, weil Ihre Trefferquote Sie zum arroganten Auftritt verführt. Das ist aus der Netzwerkperspektive betrachtet unklug. Vielmehr bindet man möglichst viele Kollegen in den Erfolg ein und lässt sie teilhaben. Diese können sich dann darin sonnen, ohne dass sie viel dafür tun müssen. Ihre großzügige Geste – die nicht gönnerhaft wirken sollte – kostet Sie nichts, bringt Ihnen aber **kollegiales Wohlwollen** ein. Das tut den Kollegen und dem Betriebsklima gut. Sie stehen als jemand da, der teilen kann – wobei Sie natürlich dafür sorgen werden, dass nicht in Vergessenheit gerät, wer das Ganze eigentlich angeschoben hat. Sollten Sie dennoch ironische Nebensätze und Kritik hören, ist das ein klares Zeichen dafür, dass man Sie und Ihren Einfluss als scheinbare oder reale Bedrohung wahrnimmt. In solchen Momenten kommen die unangenehmen Persönlichkeitszüge der Kollegen und Chefs zum Vorschein, die auch im Aggro-Fragebogen beschrieben werden:

- »Ich bin dann schnell beleidigt. Bei Misstrauen halte ich Infos zurück, bin nach vorne nett, im Stillen aber wütend und brüte Unangenehmes aus. Ich nutze zum Beispiel die Gutmütigkeit anderer aus, obwohl ich das eigentlich nicht in Ordnung finde, aber ich tu's, weil der Vorteil überwiegt.«
- »Ich werde dann ein Biest und arrogant, bohre in den Schwächen der anderen herum, gerade auch im Beisein Dritter. Ich nutze die Leute gelegentlich aus, vor allem solche, die es zulassen.«
- »Ich übe dann Druck aus und inszeniere Zeitdruck, statt mir einfach Zeit zum Gespräch und zum Überzeugen zu nehmen. Das gehört definitiv zu meinen schlechten Eigenschaften.«
- »Wenn mir jemand etwas Gutes tut, gebe ich das doppelt zurück, wenn man mir etwas Schlechtes tut, zahle ich es zehnfach zurück und mache denen im Rahmen meiner Möglichkeiten die Hölle heiß. Ich werde dann pingelig, ein Pedant, der mit seiner Nachfragerei die Leute in den Wahnsinn treiben kann.«
- »Bei Konflikten mit Arbeitskollegen trage ich die nicht direkt mit denen aus, sondern schmeichle mich in die nächsthöhere Hierarchieebene und versuche, mir so Vorteile zu verschaffen.«
- »Ich dränge Leute schon mal in die Ecke, sodass sie ihr Gesicht nicht wahren können, und finde das okay, wenn es für ein gutes Ziel ist. Manchmal mache ich das aber auch aus

reiner Selbstbefriedigung. Ich steche mit meinem giftigen Stachel zurück, wenn der andere es nicht erwartet, zumal ich ein sehr gutes Gespür für deren Schwächen habe.«

Für den Umgang mit solch missgünstigen Zeitgenossen empfiehlt die Lerntheorie das **Löschen durch Ignorieren**: »Unter Löschung versteht man beim operanten Lernparadigma das Ausbleiben der positiven Konsequenzen auf ein bestimmtes, durch die positiven Konsequenzen kontrolliertes Verhalten.«[63] Ausbleiben der positiven Konsequenz heißt in unserem Fall, man durchkreuzt den Triumph des Nörglers, einen geärgert zu haben, indem man so tut, als habe man die kritischen Anmerkungen schlicht überhört oder als werte man die Rückmeldung als interessante Anregung, für die man sich bedankt. Sollte Ihr Gegenspieler deswegen erneut seine Kritik vortragen, tippen Sie verträumt in Ihr Smartphone oder kritzeln eine Notiz in Ihren Timer, um dann zu fragen: »Wie bitte? Entschuldigen Sie, ich war schon wieder nicht bei der Sache ...« Destruktive Handlungen können aber auch ein Ausmaß annehmen, das nicht mehr ignoriert werden kann.

Makabres Mobbing

Hero Körting hat sich mit der Eröffnung seiner Praxis in einem Berliner Szeneviertel bis zum Anschlag verschuldet. Aber er freut sich, dass es nun so weit ist und er seinen Traumberuf ausüben kann. Doch seine Freude soll sich bald trüben.

Zwei Tage nach der Eröffnung parkt vor seiner Praxistür ein schwarzer Leichenwagen mit geöffneter Heckklappe. Das Prozedere wiederholt sich in den nächsten drei Wochen mehrmals, ohne dass Körting den Verursacher ermitteln kann. Ein Zufall? Wohl kaum. Das wird mehr als deutlich, als er in der vierten

Woche beim morgendlichen Aufschließen der Praxis seine eigene Todesanzeige unter seinem Messingschild findet mit dem Hinweis, die Praxis sei bis auf Weiteres geschlossen. Die Todesanzeige erscheint zu allem Überfluss parallel dazu im lokalen Anzeigenblättchen. Kein Zweifel: Jemand will ihn bewusst fertigmachen und seine Praxis sabotieren.

Hero gelingt es aber nicht, seinen Mobber zu identifizieren. Die Motivation des Mobbers lässt sich aber gut mit dem Begriff »Splendid Isolation« beschreiben: Ich zerstöre den Praxisstart eines Mitbewerbers, also bin ich großartig, weil ich das Gesetz des Handelns bestimme, indem ich die Niederlassung dieses Kollegen verhindere. Die Fähigkeit, auch miese Entscheidungen aufgrund der eigenen Macht durchzusetzen, gibt Mobbern das trügerische Gefühl, Herr im eigenen Haus zu sein.

Lässt Hero Körting sich ins Bockshorn jagen? Nein! Er schaltet als Gegenattacke selbst eine Anzeige in der Zeitung mit der Überschrift »Hurra, ich lebe noch!« und arbeitet stur weiter. Nach sechs Wochen hört der Spuk auf. Er hat bis heute keine Ahnung, wer genau ihm diesen Ärger eingebrockt hat. Seine Gegenspieleranalyse lenkt den Verdacht allerdings auf zwei Mediziner aus seinem Umfeld. Beide wird er zukünftig mit Vorsicht und Distanz genießen, auch wenn sie ihm noch so freundlich gegenübertreten.

Hero Körtings Erfahrung zeigt, dass man nicht jede Ungerechtigkeit aufklären und nicht jede belastende Berufssituation auflösen kann. Die sture Fortsetzung seiner Arbeit und die damit an den Tag gelegte äußerliche Unaufgeregtheit sowie die Selbstironie, die in seiner Zeitungsanzeige zum Ausdruck kommt, kann uns allen Mut machen, nicht vorschnell das Handtuch zu werfen. Dabei bleibt eine Frage wichtig, der wir uns im Kapitel 7 noch ausführlich widmen werden: Wer sind Ihre Gegenspieler? Hero Körting hat sie nicht eindeutig identifizieren oder überführen können, hat aber eine gewisse Ahnung und zieht Konsequenzen aus seinem Verdacht. In weniger dramatischen Auseinandersetzungen können Sie aber gut analysieren, wer die Kollegen und Chefs sind, die gegen Sie arbeiten, selbst wenn Sie einen ordentlichen Job abliefern und sich nichts zuschulden kommen lassen. Wenn wir die **Gegenspieleranalyse** durchgeführt haben, werden Sie wissen, von wem Sie was zu erwarten haben. Diese Analyse nimmt nur wenig Zeit in Anspruch, denn die Gegenspielerzahl wird sich in der Regel in Grenzen halten. Sollte sie bei Ihnen aber riesig ausfallen, sollten Sie zunächst Ihr eigenes Verhalten kritisch reflektieren, denn irgendetwas stimmt da nicht. Dazu reicht es im ersten Schritt, vertraute Kollegen um eine Rückmeldung zu bitten. Wenn es noch dramatischer ist, lohnt sich die kleine Investition in ein Coaching.

Aber kommen wir zurück zum Gros der Berufstätigen mit ihrer überschaubaren Gruppe an Gegenspielern. Die fragen sich zum Teil, ob sich der Aufwand für eine solche Analyse überhaupt lohnt. Die Antwort: Auf jeden Fall! Vielleicht gibt es in Ihrem Umfeld nur drei Personen, die Ihnen das Berufsleben schwer machen und Ihnen an den Kragen wollen. Das ist überschaubar – so erscheint es auf den ersten Blick. Nur ist jeder dieser drei mit vier weiteren Kollegen befreundet, die sich womöglich überzeugen lassen, Sie ebenfalls in einem kritischen Licht zu sehen. Damit wächst Ihre Gegenspieler-Mannschaft schon auf 15 Personen und das riecht definitiv nach Ärger. Sollten diese jeweils drei weiteren Kollegen berichten, was für eine Pfeife oder was für ein Falschspieler Sie angeblich sind ... Sie sehen schon: Das kann böse für Sie enden! Deswegen möchte ich Sie jetzt schon einmal fragen, auch wenn wir uns das erst später genauer anschauen werden: Wer meint es schlecht mit Ihnen? Wer ist kritisch, selbst wenn Sie Gutes leisten? Wer kann Sie emotional nicht leiden? Wo stimmt die Chemie überhaupt nicht? Überlegen Sie ganz in Ruhe und schreiben Sie die Namen auf. Sie werden diese Liste noch brauchen.

Wenn Sie Ihre möglichen Gegenspieler herausgefunden haben, behandeln Sie sie kultiviert, aber trauen Sie ihnen niemals über den Weg. Seien Sie auf der Hut, denn deren Attacken können auch mit großer Zeitverzögerung kommen, wobei Ihnen das **Aggressionsparadoxon** in die Hände spielt: Wenn Ihre Gegenspieler glauben, dass Sie bissig agieren können, reduziert sich deren Lust auf Attacke – weil sie Ihr Echo fürchten. Das führt zu der Paradoxie, dass ausgerechnet Ihre positive Aggression potenzielle Konflikte entschärft: Das Wissen um Ihr Echopotenzial fördert bei Kolleginnen und Kollegen schlichtweg die Höflichkeit.[64] Klingt total verrückt, ist aber wahr.

Was Sie sich unbedingt merken sollten: standhaft bleiben, durchsetzen, weiterentwickeln

- **Knicken Sie nicht ein!** Erfolgreiche Arbeitnehmer folgen dem Ideal des mündigen Berufstätigen, der sich etwas zutraut und nicht bei ersten Widerständen und Kritiken einbricht, sondern an sich und seine Ideen glaubt.
- **Ethik und Durchsetzungsstärke mit Augenmaß sind kein Widerspruch!** Beruflichen Gegenspielern sollten Sie daher mit Respekt, Fairness, aber auch klarer Grenzziehung begegnen.
- **Entwickeln Sie sich!** Behaupten Sie bitte niemals, Ihre Persönlichkeitsentwicklung sei abgeschlossen. Jeder kann sich verändern – sein Leben lang.
- **Fallen Sie durch Lob auf!** Netzwerkpflege heißt, gelungene Aktionen der Kollegen und Chefs auch öffentlich zu würdigen. Pflegen Sie die Lobkultur, damit fallen Sie im deutschsprachigen Raum positiv auf.
- **Handeln Sie nach dem Schrotgewehr-Prinzip!** Stoßen Sie immer ausreichend viele Initiativen an. So erhöhen Sie die Wahrscheinlichkeit, dass sich einige wenige durchsetzen. Die »Verlierer« verstauen Sie in Ihrer Ideenschublade, um sie im richtigen Moment wieder hervorzuzaubern.
- **Nutzen Sie das Aggressionsparadoxon!** Wenn Ihre Gegenspieler glauben, dass Sie aggro reagieren können, reduziert sich deren Lust auf die Attacke. Das erwartete Echo schreckt sie ab.

Was Sie jetzt zu tun haben:
innerer Monolog

* **Aufgabe:** Üben Sie immer erst, bevor Sie in ein reales Konfliktgespräch gehen! Setzen Sie dafür Ihren aktuellen Konfliktpartner imaginär auf einen leeren Stuhl, der Ihnen gegenübersteht. Führen Sie jetzt in Ihrer Fantasie mit ihm so lange das fällige Konfliktgespräch, bis Sie mit dem Ablauf, Ihren Kommentaren und dem Ergebnis zufrieden sind. Sie werden später überrascht sein, wie nah Ihr innerer Monolog der Wirklichkeit kommen kann. Eigentlich kein Wunder, wenn man bedenkt, dass diese Übung ja bereits 50 Prozent des realen Konfliktgesprächs ausmacht – nämlich Ihre Hälfte. Es gilt die Regel: Je mehr Sie vor Konflikten im inneren Monolog üben, desto besser wird es für Sie laufen! Das heißt aber auch: Vermeiden Sie spontane Reaktionen, nehmen Sie sich immer Zeit zum Überlegen und Üben.

KAPITEL 5

SEIEN SIE NICHT DIE KATZE IM SACK, SONDERN ZEIGEN SIE, WAS SIE HABEN: POSITIONIEREN SIE SICH DURCH DAS CHEF-BRIEFING!

Über stromlinienförmige Ja-Sager, den Pudding an der Wand und die Authentizitätsfalle

Raus aus den Federn, Dornröschen!

Marion Kersting arbeitet für eine Berliner Tageszeitung. Sie hat bisher ausschließlich auf die Qualität ihrer Beiträge gesetzt und auf ein Selbstmarketing bei ihren Kollegen und Vorgesetzten verzichtet. Marion mag das nicht. Aus ihrer Sicht ist das reine Angeberei. Sie möchte ihre Haut nicht zu Markte tragen und ahnt nicht, dass sie damit ungewollt zur Verfechterin des **Dornröschensyndroms** wird, also einer Frau, der man Passivität unterstellt, weil sie von den Verantwortlichen bei der Zeitung »wachgeküsst« werden möchte. Dabei möchte Marion diesen Eindruck gar nicht vermitteln, sie möchte einfach nur nicht aufdringlich erscheinen. Sie möchte in ihrer journalistischen Qualität erkannt und entsprechend wertgeschätzt werden. Diese Einstellung bringt sie allerdings auf der Karriereleiter kein Stück weiter nach oben, da ihre Zurückhaltung negativ ausgelegt wird: als Demotivation. Ihre Chefin fragt sich: »Warum soll ich sie weiter fördern? Sie scheint zufrieden zu sein und macht dort, wo sie ist, einen guten Job.« Das Dornröschensydrom ist also ein waschechter Karrierekiller!

Sie sehen also: Wer sich zurückhält und unklar positioniert, wird nicht gesehen, nicht gefördert und nur ungern eingestellt. Das ist vielleicht nicht gerecht und vielleicht auch nicht fair, aber mal ehrlich: Würden Sie die Katze im Sack kaufen? Wenn Sie nicht wissen, was Sie von Ihrem Gegenüber zu erwarten haben, würden Sie ihn dann zu Ihrem Partner machen? Würden Sie sich wirklich nicht fragen, ob er loyal, kollegial und gut drauf ist oder ein illoyaler, giftiger Querulant? Na also. Natürlich möchte jeder so etwas wissen, egal ob Kollege und Chef. Und zwar vorher! Lassen Sie in dieser Frage Unsicherheiten zu, führt dies zu Ihrer Disqualifikation. Wenn Sie sich nicht positionieren, steht Unklarheit im Raum. In dubio contra reo – man entscheidet im Zweifel gegen Sie. Also, verraten Sie Ihren Kolleginnen und Chefs ungefragt, wie Sie ticken, wofür Sie stehen und in welchen Dingen man hundertprozentig mit Ihnen rechnen darf. Stellen Sie Ihre Big Points heraus, also die Punkte, in denen Sie richtig gut sind und die Ihnen im Job sogar Spaß machen. Ich darf Ihnen versichern: Dadurch wird Ihr Berufsleben leichter, weil andere Sie besser einschätzen können.

Sich selbst wachküssen und klar positionieren!

Auch Marion Kersting hat irgendwann erkannt, dass ihr Verhalten sie nicht weiterbringt. Die Lösung: Sie muss sich klar positionieren. Deswegen sucht sie das Gespräch mit ihrer Chefin, um ihr Interesse am frei werdenden Kolumnistenjob zu formulieren. Das überrascht ihre Vorgesetzte, denn so klare Worte kennt sie von ihrer Mitarbeiterin gar nicht. Sie bittet sich ein paar Tage Bedenkzeit aus. Marion legt daraufhin ihr Anliegen auf Wiedervorlage und fragt im Zwei-Tages-Rhythmus, aber unaufdringlich nach. Diese Hartnäckigkeit imponiert ihrer Vorgesetzten und Marions klare Positionierung zeigt Wirkung: »Wer so heiß ist, hat einen Versuch verdient«, findet ihre Ressortleiterin. Vier Wochen später hat sie den Job.

Natürlich führt nicht jede Positionierung so schnell zum Erfolg, aber eine Nicht-Positionierung fördert schnell Misserfolge oder erhält bestenfalls den Status quo. Volkmer Burger, wissenschaftlicher Mitarbeiter in Greifswald, kommt mit seiner derzeitigen Einstellung wohl kaum weiter: »Während der Sitzungen lasse ich gerne zuerst die anderen reden, um mich dann am Ende dem bequemsten, leider manchmal auch faulen Kompromiss anzuschließen.« Er eckt mit seinem Verhalten zwar nicht an, aber seine Strategie des Abwartens und sein Opportunismus werden von seinen Kollegen und Vorgesetzten als Profillosigkeit gewertet. Pamela Ruckstuhl, die in St. Gallen im Handel tätig ist, ist konsequenter: »Mir ist es wichtig, am Ball zu bleiben, Arbeitsvorgänge auf Wiedervorlage zu legen und aktiv einzuklagen und nicht abzuwarten, bis sich der andere mal meldet.« Sie ist klar positioniert. Die Kollegen wissen, woran sie bei ihr sind. Das ist aus Sicht von Peter Schliemann, Personalverantwortlicher der Druck- und Medienbranche, auch schon bei der Bewerbung notwendig, denn ihn irritiert das verschwommene Profil vieler potenzieller Mitarbeiter, die ihm gegenübersitzen: »Meine Frage an die Bewerber lautet: Wofür stehen Sie eigentlich und welches sind die zentralen Eckpfeiler Ihres beruflichen Handelns? Das löst bei vielen Irritationen aus. Die Leute haben Angst anzuecken, wissen nicht, was sie jetzt sagen sollen, anstatt einfach zu sagen, wofür sie stehen. Wie sollen diese vorsichtig tastenden Profillosen zukünftig mutige oder umstrittene Entscheidungen treffen und durchsetzen? Sie haben fachliche Kompetenzen, sind durch Ausbildung und Studium qualifiziert, Ecken und Kanten sind aber kaum wahrnehmbar. Man hat es mit stromlinienförmigen Ja-Sagern zu tun, die Fehlervermeidung mit Loyalität verwechseln.« Peter Schliemann sieht die Gefahr der Obrigkeitshörigkeit, die dem kritischen Erbe der europäischen Aufklärung widerspricht und in Verhaltenskatastrophen wie dem Milgram-Experiment münden kann: Von wissenschaftlichen Autoritäten ermutigt, waren Normalbürger bereit, Dritte sadistisch durch Stromstöße zu quälen. Ihr

131

schlechtes Gewissen ließen sie sich von den Herren im weißen Kittel im Namen der Wissenschaft ausreden. Derart blinder Gehorsam statt Zivilcourage und kritische Reflexion sind gesellschaftlich wie unternehmerisch eine Katastrophe, denn der aalglatte, autoritätshörige Typus ist Gift für jedes innovative Handeln.

Halten Sie Ihren Kopf also ruhig aus dem Fenster und genießen Sie den Gegenwind. Der Schauspieler Götz George kann vom Gegenwind ein Lied singen.[65] Ihn nervt, dass selbst seine guten Taten diskreditiert werden (von den schlechten wollen wir an dieser Stelle nicht sprechen). So fragte ihn ein Journalist: »Wenn Sie das Drehbuch lieben, helfen Sie sogar mit dem eigenen Geld aus (...)« Georges Antwort fällt mürrisch aus: »Ja, aber das wird sofort falsch gedeutet, da sagt man: Der will nur Erfolg haben und finanziert sich den selber. Man muss sich immer rechtfertigen. (...) Wenn einer in Schwierigkeiten ist und du gibst ihm Geld, sagt sofort ein Deutscher: Ja, warum? Will er sich jetzt wichtig machen oder was?«[66] Götz George erfährt bei seiner Art der selbstlos gemeinten Filmförderung am eigenen Leibe die schlichte Erkenntnis, dass alles kritisiert werden kann – vor allem wenn man sich klar für etwas positioniert. Aber das muss man aushalten können, denn Gegenwind darf kein Grund dafür sein, gute Initiativen abzubrechen. Ähnliches beklagt auch die selbstständige Physiotherapeutin Brigitte Waller, deren weibliches Umfeld zum Teil auf klare Positionierungen gereizt bis zickig reagiert. Diese Frauen stört, so Waller, dass eine andere Frau für eine Idee brennt und ihre Augen dabei leuchten: »Bei diesen Neidischen brennt eher wenig und so fällt denen auch nichts anderes ein, als die Glückliche aus Missgunst niederzumachen. Was mache ich nur mit solchen Pi... nelken?« Die Antwort mag auf den ersten Blick ernüchternd wirken: Lassen Sie sich von Ihrer Positionierung nicht abbringen. Neidische Frauen fördern Sie so oder so nicht, egal ob Sie sich anbiedernd, unterwürfig wie ein Schaf oder wie ein Bumerang verhalten. Das ist alles reine Energieverschwendung. Lassen Sie die gereizt-zickigen Weiber links liegen und gehen Sie möglichst wenig auf sie ein. Das gilt übrigens auch für Männer.

Ihre richtige und angemessene Positionierung werden Sie mit etwas Nachdenken und Üben gut hinbekommen, denn Sie haben bisher schon gelernt, Nein zu sagen, Ihr Durchsetzungspotenzial zu analysieren und auch mal mit härteren Bandagen zu kämpfen. Sie wissen jetzt auch, dass Sie ein Kraftwerk an positiver Aggression in sich tragen, das Ihnen hilft, klug und mutig beruflich angemessen zu agieren. Prima! Wenn Sie jetzt noch Ihr Positionierungsergebnis Kollegen Ihres Vertrauens präsentieren und diese Ihnen grünes Licht geben, sind Sie auf dem richtigen Weg.

Um sich zu positionieren, müssen Sie zunächst herausfinden, wo Ihre Stärken liegen – die Sie Ihrer Berufswelt ab sofort nicht mehr vorenthalten werden, sondern aktiv dafür werben. Kurz gesagt: Sie müssen sich ein klares Profil erarbeiten, mit dem Sie glänzen können, wenn Sie glänzen müssen – etwa in Bewerbungs- oder bei Mitarbeitergesprächen. Nein, Sie sollen nicht auf Teufel komm raus angeben. Aber Sie sollen aufhören, mit Ihren Stärken aus falscher Bescheidenheit hinterm Berg zu halten. Sie sollen es Ihren Kolleginnen und Kollegen schlichtweg leicht machen, das Tolle an Ihnen zu erkennen. Ottmar Ehrl, CEO des Münchner Businessnetzwerks Querdenker, formuliert punktgenau und mit Augenzwinkern: Es wird nur der ein Superheld, der sich selbst für super hält!

Positionierung heißt, sicher auf den eigenen Beinen zu stehen. Das hat durchaus Vorteile: Erstens wird Sie dann so schnell nichts umhauen können und zweitens machen Sie es Ihrer Umwelt leichter, Sie beim Erreichen Ihrer Ziele zu unterstützen, denn man weiß, was man an Ihnen hat und was man von Ihnen erwarten darf. Also: Wofür stehen Sie? Wenn Sie nicht wissen, wofür Sie stehen, machen Sie es wie Hermann Scherer, fragen Sie einfach einen Experten:[67]

>»Es ging um zwei Alternativen, ich war nicht sicher (...) und fragte meinen Coach und Mentor. Ausführlich erklärte ich ihm alle Details. Ich weiß noch, mit welcher Ruhe er sich den Schwall meiner Pros und Kontras anhörte. Ohne eine einzige Nachfrage. Danach blieb er erst mal stumm. Ich wartete auf seine Antwort, ungeduldig und gereizt. »Mach das Zweite da ... Mit dem Dings ...«, sagte er nach einer gefühlten Ewigkeit. »Wie? Das Zweite da? Mit dem Dings!?« Mir platzte der Kragen. »Hast du mir überhaupt zugehört?« »Nö«, sagte er, »Ich höre dir nie zu, wenn du so rumsabbelst. Aber ich habe gesehen, wie bei Alternative Nummer zwei deine Augen angefangen haben zu leuchten ...«

Positionierung heißt also auch, seinem Gefühl und seinen Leidenschaften zu folgen. Dann stimmt die Richtung. Bleibt die Frage: Was denken eigentlich Kollegen und Vorgesetzte, wofür Sie stehen? Worin sind Sie wirklich gut? Welches sind Ihre Big Points, also die Punkte, von denen Sie sagen können: Da halte ich sehr gut mit oder da unterscheide ich mich positiv von anderen? »Wirklich, Freunde, da könnt ihr machen, was ihr wollt: Darin bin ich richtig gut«, unterstreicht die bereits oben erwähnte Pamela Ruckstuhl. Volkmer Burger erwiderte mir auf meinen Positionierungshinweis etwas vermeintlich ganz Schlaues: »Ich bin eher ein Generalist. Ich kann von allem etwas.« Das klingt vordergründig gut, kann aber als Durchsetzungs- oder Positionierungsansatz nicht empfohlen werden. In Hamburg würde man fragen: »Haben Sie schon einmal versucht, einen Pudding an die Wand zu nageln?« Schlicht unmöglich. Also merken Sie sich: Wenn man nicht weiß, wofür Sie stehen, kann man mit Ihnen wenig anfangen. Der Generalistenhinweis klingt eher nach einer faulen Ausrede, weil derjenige keine Ahnung hat, wofür er steht. Und daher dringend Nachholbedarf hat.

Sparen Sie sich faule Ausreden!

Margarete Sommer, Dekanin an einer Berliner Hochschule, braucht gute Verbündete. Wenn sie etwas in ihrer Fakultät durchsetzen will, braucht sie Hilfe und Unterstützung. Wer in ihren Reihen kann ihr dabei helfen? Volkmer Burger vielleicht? Dekanin Sommer ist unsicher, weil sie diesen Mitarbeiter nicht so richtig einschätzen kann. Er behauptet zwar immer großspurig, er könne alles, aber so richtig festlegen mag er sich nie. Das ist Margarete Sommer zu wenig. Auf so einen unsicheren Kantonisten kann sie sich keinesfalls verlassen.

Beim aktuellen Problem braucht sie jedenfalls keinen Power-Typen, sondern jemanden, der sensibel, feinsinnig, empathisch und diplomatisch vorgehen kann, damit der schwelende Konflikt nicht eskaliert. Ist Volkmer Burger denn so ein Typ? Dekanin Sommer weiß es einfach nicht. Ihr ist nicht klar, wie er positioniert ist, wie er tickt. Sie hat keine Ahnung, ob er ein Power-Typ ist, über diplomatisches Gespür verfügt oder welche anderen Kompetenzen ihn auszeichnen. Volkmer Burger hat sich nie explizit festgelegt, er ist ja »Generalist«, wie er immer betont.

Tja, Pech für ihn, denn wieder wird er nicht in die Problemlösung miteinbezogen. Auf Leitungsebene steht mittlerweile sogar schon die Frage im Raum, wofür man ihn überhaupt an der Universität gebrauchen kann. Die Verlängerung seines Zeitvertrags steht damit auf Messers Schneide. Volkmer Burger wäre gut beraten, sich schnellstens ein Positionierungsgespräch mit Dekanin Sommer zu beschaffen, um mit ihr seine zukünftige Rolle zu präzisieren!

Ohne Positionierung leben Sie im Niemandsland und bleiben unsichtbar. Wenn man weiß, wofür Sie stehen, wird man Sie – wenn es gut läuft – genau da pushen. Geht es um Dinge am Arbeitsplatz, für die Sie nicht stehen, sind Sie in dem Fall eben nicht im Gespräch. Positionieren Sie sich aber gar nicht – so wie Volkmer Burger –, sind Sie nie im Gespräch.

Ich kenne sympathische Arbeitnehmer, die es ihren Kollegen und Chefs überlassen, ihre lobenswerten Big Points zu entdecken, ganz im Sinne des Dornröschensyndroms. Diese Arbeitnehmer haben viel Hoffnung und wenig Realitätssinn, denn so bequem läuft es nur selten. Also: Wenn in der Firma über Sie so kommuniziert werden soll, wie Sie sich gerne sehen, müssen Sie das selbst in die Hand nehmen und Informationen gezielt streuen.

Gut positioniert ist halb gewonnen

Helene Koller ist eine aufstrebende Mitarbeiterin eines deutschen Handelsriesen. Ihre Stärken liegen im strategischen Denken, sie ist loyal, hat einen langen Atem und erkennt schnell, wo Innovationsbremser stecken und welche Strategien man gegen sie einsetzen kann, um Projekte noch zu retten. Super, oder? Der Punkt ist nur: Das wusste lange Zeit niemand außer ihr, denn früher ging sie mit ihren Stärken nicht hausieren. Das war nicht ihr Stil. Doch sie hat erkannt, dass sie ohne Positionierung nicht weiterkommt.

Heute hört man bei informellen Gesprächen ihre Big Points heraus, die sie dezent einstreut, zum Beispiel beim Small Talk an der Espressomaschine: »Übrigens habe ich am Wochenende mal darüber nachgedacht, an welchen Stellen ich eigentlich für unseren Laden und unser Team gut bin. Und da sind mir zwei Sachen eingefallen: mein Näschen für Innovationen und meine Loyalität.« Während der Pause zwischen zwei Meetings erzählt Helene Koller, wie sie einen Projektbremser zu innovativem Handeln motivieren konnte, und fügt hinzu: »Ja, das ist eine Stärke von mir. Dafür habe ich einfach ein Gespür.« Beim gemeinsamen Essen in der Kantine zwei Wochen später betont sie beiläufig, dass ihr persönlich Loyalität im Job sehr wichtig sei.

Manche Kollegen sind über diese Statements ein wenig irritiert und fragen sich: »Was erzählt die denn da bloß?« Unbeirrt von irritierten Blicken oder Getuschel hier und da streut Helene Koller ihre Positionierungsinfos über das ganze Jahr. Mit Erfolg, wie sich herausstellt. Denn im Dezember, beim jährlichen Feedbackgespräch, resümiert ihre Chefin: »Ich finde, Sie sind sehr loyal, können strategisch denken und sind sehr offen für Innovationen. Das sehen übrigens viele Ihrer Kollegen auch so.« Helene Koller freut sich, denn ihre Chefin rezitiert genau die Punkte, die sie selbst gestreut hat. Sie hat damit die Situation im Griff und den schönen Nebeneffekt erzielt, dass sie zukünftig von Erwartungen verschont bleibt, die nicht ihren Fähigkeiten entsprechen.

Also: Zeigen Sie Ihrem Chef und Ihren Kollegen, was Sie haben! Mit dem informellen Streuen Ihrer Big Points füttern Sie indirekt Ihre Vorgesetzten, denen von verschiedenen Seiten dieselben Informationen über Sie zugetragen werden. Das macht es glaubwürdig. Sie haben dadurch – interaktionistisch gesprochen – die Definitionsmacht über Ihr Berufsbild erobert.

Big Points disqualifizieren manchmal ... aber das macht nichts!

Gerd Kobler ist ein aufstiegsorientierter Justizbeamter, der unbedingt Abteilungsleiter werden möchte und seine Big Points Durchsetzungsstärke, Extrovertiertheit und Angstfreiheit streut. Die einzige freie Leitungsstelle liegt derzeit in der Sozialtherapie, also einer Abteilung, in der Geduld und Zurückhaltung gefragt sind. Das sind eindeutig nicht Koblers Stärken. Er ist eher ein Typ, der es krachen lässt. Entsprechend kraftvoll ist die informelle Rückmeldung auf seine Bewerbung auf die freie Stelle: »Wenn wir Sie die Abteilung mit depressiven Delinquenten leiten lassen, dürfte die Suizidquote hochschnellen.« Gerd Kobler kennt diesen schwarzen Justizhumor, mit dem die Personalverantwortlichen in seinem Fall aber goldrichtig liegen. Das ist ihm auch selbst klar. Der Job passt einfach nicht zu ihm.

Als einige Monate später eine Abteilungsleitung für Gewalttäter und Inhaftierte aus der organisierten Kriminalität gesucht wird, bewirbt sich Gerd Kobler natürlich – und bekommt den Zuschlag. Es ist schließlich bekannt, dass er über den Mut und das Standing verfügt, durchsetzungsstarken Kriminellen Paroli zu bieten. Seine Big Points hat er ja klar kommuniziert.

Koblers Beispiel macht deutlich: Wenn Sie Ihre Big Points kommunizieren, katapultiert Sie das zwar aus bestimmten Verfahren heraus, aber dafür auf dem Weg zu Ihrem Traumjob auch schnell an die Spitze. Voraussetzung für solch einen Aufstieg, egal auf welcher Ebene, ist Ihre Loyalität, von der auch Helene Koller im obigen Beispiel gesprochen hat. Ohne Chef-Loyalität kommt kaum jemand weiter. Loyalität ist auch ein Kinderspiel, solange die Leitung sympathisch ist. Die hohe Kunst der Loyalität besteht aber denen gegenüber, die unsympathisch sind und die Sie auch nie zu Ihrer Privatparty oder zum Grillen einladen würden, weil Sie deren Ansichten nicht besonders schätzen. Das müssen Sie ja auch nicht. Sie dürfen diesen Chefs nur nicht offen in die Parade fahren. Es gilt die Maxime: Love me or leave. Wenn Sie anfangen, gegen Ihre Leitung zu kämpfen, wird diese anfangen, gegen Sie zu kämpfen – und es ist wohl nicht schwer zu erraten, wer da den Kürzeren ziehen wird, oder? Macht- und Statuskämpfe haben nur Sinn, wenn Sie eine Gewinnchance von mindestens 51 Prozent haben. Wenn nicht: Finger weg!

Wenn die Authentizitätsfalle zuschnappt ...

Sven Winkel, Stellvertreter im Bereich Personal und Organisation eines Mittelständlers aus Freiburg, lässt sich von Kollegen als Sprachrohr vorschieben und damit instrumentalisieren.

Seine authentisch-kritische Meinung bringt er immer ungeschminkt in öffentliche Sitzungen ein. Die Geschäftsleitung reagiert auf diese ausgeprägte Authentizität und Ehrlichkeit ge-
linde gesagt verschnupft. Sven gerät ins Kreuzfeuer der Kritik.
Verteidigung seitens der Kollegen, die ihn zur Authentizität
ermutigt hatten? Fehlanzeige. Er sitzt in der Falle. Aus der
Nummer kommt er nur noch schwer heraus.

Bei ihm kam die Erkenntnis leider erst sehr spät, gibt er in
einem meiner Seminare zu: »In dieser Authentizitätsfalle habe
ich sehr lange festgesessen und erst vor einigen Jahren begriffen, dass mir das nur schadet. Als ich das begriffen habe, habe
ich meine authentischen und manchmal auch verletzenden
Feedbacks in Teambesprechungen oder gegen die Leitung sofort eingestellt und eine enorme innere Befreiung erfahren.«

Auch bei Ihnen dürfte es einige Berufssituationen geben, bei
denen Sie sich in der Falle fühlen. Bei mir war es zu Beginn
meiner Berufszeit eine übertriebene Autoritätsgläubigkeit bei
graumelierten Endfünfzigern. Die konnten sagen, was sie wollten – ich nahm es für bare Münze. So konnten sie mir ein X für
ein U vormachen. Vielleicht sind Sie eher für Schmeicheleien
anfällig: Die Kollegen und Vorgesetzten loben Sie als Säule des
Unternehmens – nur um Ihnen noch mehr Arbeit und Verant-
wortung zum selben Gehalt aufzubürden. Conniff nennt diese
Mausefalle **»Statushunger«**.[68] Das Motto: Geben Sie ehrgeizi-
gen Kollegen viel Status und nur ein wenig Geld, dann arbeiten
sie bis zum Umfallen.

Raus aus der Mausefalle!

Eugen Bertrams kann dem autoritären Auftritt des Senior-
Chefs nicht widerstehen. Jedes Mal wenn dieser ihn um die
Erledigung von Aufgaben bittet, die sonst keiner machen will,

knickt er ein. Das weiß auch sein berufliches Umfeld. Und das Wissen um diese Schwäche wird schamlos ausgenutzt, zum Beispiel vom Junior-Chef, der sich des alten Patriarchen bedient, um Aufgaben an Bertrams zu delegieren. Und wieder klappt es: Eugen Bertrams nickt gehorsam und bürdet sich die zusätzliche Aufgabe ohne Murren auf, obwohl er genau weiß, dass das ungerecht ist und auch andere mal drankommen sollten.

Was tun? Abschied von der Mausefalle heißt, dem vorauseilenden Gehorsam und der Zusage ohne Widerrede zu widerstehen. Ganz gezielt. Eugen Bertrams erhielt im Seminar daher eine Aufgabe: Sowie der Alte das nächste Mal sein Büro betritt, soll er sofort mit schmerzverzerrtem Gesicht auf seine Magenverstimmung und seinen gestrigen Muschelkonsum hinweisen – natürlich eine Notlüge –, aufstehen, das Büro in Richtung Toilette verlassen und den Alten einfach stehen lassen. Nach etwa zehn Minuten soll er wieder ins Büro zurückkehren. Die Inszenierung ist ein voller Erfolg: Als Eugen zurückkommt, ist der Patriarch schon wieder gegangen. Heute also keine Zusatzarbeit. Weiter so!

Eugen Bertram gab nach getaner Tat zu, dass ihm angesichts seiner kleinen Notlüge wirklich flau im Magen gewesen sei – was die Glaubwürdigkeit seiner Inszenierung natürlich nur erhöhte.

Bei meinen einschüchternden Graumelierten hat es – und ich schäme mich ein wenig dafür – durch die kognitive Strategie ihrer Erniedrigung und meiner Selbsterhöhung geklappt. Ein Freund aus Zürich empfahl mir dies: »Stell sie dir einfach als gerontologische Pflegefälle vor. Sage dir: Du bist die Perle, sie sind die Säue.« Dieser Tipp ist ethisch zweifelhaft, aber er senkt enorm das Lampenfieber vor einem Vortrag oder die Nervosität vor einem schwierigen Gespräch oder einer Verhandlung.

Was Sie sich unbedingt merken sollten: Positionierung, Positionierung, Positionierung!

- **Opportunismus ade!** Nur abwarten und dem Mainstream folgen ist nicht empfehlenswert. Das Einzige, was Sie dadurch demonstrieren, ist Profillosigkeit – und das bringt Sie auf Dauer in keiner Hinsicht weiter.
- **Gehen Sie auf Position!** Verraten Sie Ihren Kollegen ungefragt Ihre Big Points. Mit dem informellen Streuen Ihrer Big Points füttern Sie indirekt Ihre Vorgesetzten, die zukünftig von verschiedenen Seiten dieselben positiven Informationen über Sie erhalten werden – nämlich genau die, die Sie gestreut haben.
- **Beißen Sie sich fest!** Ein langer Atem und Hartnäckigkeit beim Ringen um eine bestimmte Aufgabe oder Position imponieren der Chefetage. Wer so heiß darauf ist, hat eine Chance verdient, denken die Vorgesetzten dann.

Was Sie jetzt zu tun haben:
Big Points und Mausefallenanalyse

- **Aufgabe 1:** Schreiben Sie Ihre fünf wichtigsten Big Points auf. Stellen Sie sich zum Üben vor den Spiegel und erklären Sie sich Ihre Big Points so lange, bis Sie zufrieden sind und sich wohlfühlen. Keine Sorge: Diese Selbstgespräche sind kein Ausdruck einer psychischen Störung, sondern berufs- und karrierefördernd. Präsentieren Sie Ihre Big Points als Nächstes Ihren Vertrauten, zum Beispiel in der Familie oder im Freundes- oder Kollegenkreis. Geben die Ihnen grünes Licht, sind Sie auf dem richtigen Weg. Beginnen Sie nun, Ihre fünf Punkte im Kollegenkreis zu streuen – am Kopierer, beim Essen, an der Kaffeemaschine oder in der Raucherecke. Immer dosiert und kurz, in Zehn-Sekunden-Statements. Nicht angeberisch, aber auch nicht mit zu viel falscher Bescheidenheit. Verwenden Sie dieses Profil auch, wenn Sie glänzen müssen – etwa in Bewerbungs- oder Mitarbeitergesprächen.
- **Aufgabe 2:** Setzen Sie sich mit Ihren Mausefallen auseinander. Analysieren Sie zwei Berufssituationen, auf die Sie schon häufiger hereingefallen sind und sich hinterher maßlos über sich selbst geärgert haben. Fragen Sie sich oder Menschen Ihres Vertrauens, warum Sie in diesen Situationen immer so reagieren, wie Sie reagieren, und überlegen Sie sich dann in aller Ruhe alternative Reaktionsmuster. Ab sofort fallen Sie auf diese Situationen bestimmt nicht mehr herein!

KAPITEL 6

KLEINE FEHLER – BÖSE FOLGEN: WIE SCHNELL SIE IM JOB STOLPERN KÖNNEN

Über Klugscheißer, die Gefahr schwammiger Aufgaben und den Leitfaden für hinterhältiges Delegieren

»Hochmut kommt vor dem Fall.« Luthers biblische Redensart ist der Schlüssel zu vielen Irritationen und Missstimmungen im Berufsleben. Hochmütige gelten als überheblich und blasiert. Nur die Psychologie formuliert einfühlsam, dass diese Arroganz als Distanzmittel aus Unsicherheit oder Minderwertigkeitsgefühlen erwachsen kann: »Früher einen forschen Pimmel, heute einen Porschefimmel«, kommentiert daher die Geisteswissenschaftlerin Miriam Seelig gelassen-sexistisch den Sportwagenkauf ihres blasierten Kollegen. So viel ironische Distanz zeigen nur wenige, die vom **Habitus der Hochmütigen** betroffen sind. Im Aggro-Fragebogen fallen bissige bis böse Kommentare zu dieser Spezies:

- »Ich empfinde Genugtuung, wenn die Wortgewaltigen im Unternehmen grandios scheitern. Ich kann es sehr genießen, wenn diese Klugschwätzer in der Erfolglosigkeit versanden.«
- »Mich mit anderen zusammenrotten, um einer ekligen Person eine Falle zu stellen, kann mich köstlich amüsieren.«
- »Wenn jemand über Leichen geht, um sein Ziel zu erreichen, mag er mit seiner Strategie vordergründig erfolgreich sein, nachhaltig ist das aber nicht und er verdient meine volle Verachtung.«
- »Ich vermeide Kollegen, bei denen man immer schon weiß, dass sie mit der Win-lose-Strategie arbeiten und sie über-

haupt nicht interessiert, dass das Gegenüber auch sein Gesicht wahren möchte.«

- »Opportunistische Egoisten, die sich auf Kosten Dritter durchsetzen, unfair handeln und Regeln einklagen, an die sie sich selbst nicht halten, die lehne ich ab.«

Auch einige der hochmütigen Vertreter haben bei der Befragung bereitwillig über ihr Selbstverständnis Auskunft gegeben. Vielleicht erkennen Sie bei den folgenden Auszügen den einen oder anderen Kollegen aus Ihrem Umfeld.

- »Die Neigung zur Rechthaberei und zur Besserwisserei ist leider Teil von mir. Ich vergesse Kränkungen und Unkollegialität nie, bin nachtragend und schlage bei passender Gelegenheit zurück. Ich verliere auch überhaupt nicht gern. Mir ist aber nicht ganz klar, ob das positiv oder unangenehm ist.«
- »Ich überhöre Beschwerden oder kritische Hinweise und tue später so, als ob hier nicht deutlich genug formuliert worden wäre und der Fehler eindeutig in der unklaren Kommunikation meines Gegenübers liegt. Ich scheue nämlich die direkte Konfrontation und lasse daher meinen Frust als unangemessene Überreaktion in solchen Situationen an denen raus.«
- »Unangenehme Persönlichkeitszüge habe ich nicht, höchstens weniger gute, schlechte und eventuell verbesserungswürdige. Vielleicht muss ich meinen beruflichen Schattenseiten genauer ins Auge schauen, damit ich das Biest in mir besser kontrolliere und aufhöre, Mitarbeiter oder Kollegen unnötig zu quälen.«
- »Meine Verachtung gilt Kollegen ohne Fachkompetenz, sodass ich in der Zusammenarbeit mit ihnen nur schwer über meinen Schatten springen kann. Ich spreche dann nicht von manipulativer Stimmungsmache, sondern von qualifizierten Unterlassungen.«
- »Ich habe ein rechthaberisches und arrogantes Auftreten, nur aufgrund meiner hierarchischen Position und meines Al-

ters. Meine Neigung zur Inflexibilität stört mich mittlerweile sogar selbst. Ich mache meine Vorhaben und Planungen trotzdem nur sehr spät transparent und lasse dadurch mein Umfeld lange im Dunkeln tappen«.

Solche Zeitgenossen wurden in den Aggro-Fragebögen als Blender, Sprücheklopfer, Drängler, Blasierte und Besserwisser bezeichnet. Sie lösen mit ihrem Habitus nicht nur Verständnislosigkeit und Verärgerung aus, sondern stellen auch einen zentralen Grund dar, sich mit Macht-, Durchsetzungs- und Positionierungsfragen zu beschäftigen. Sie werden als Stachel im Fleisch der Fairen empfunden. Ihr Scheitern wird von vielen Berufstätigen begrüßt und gefördert, selbst wenn sie sinnvolle Projekte verfolgen. Die Antworten auf die Frage »Welche bissigen oder bösen Taten haben Sie im Job erlebt oder begangen?« zeigen, dass Menschen kreativ bis bösartig werden können, wenn sie anderen einen Denkzettel verpassen wollen.

Bissige Taten – Geständnisse im Umgang mit Blendern, Blasierten und Besserwissern

Wenn Blender stolpern: »Es war mir ein großes Vergnügen, unseren neuen Kollegen, einen Blender und Show-Typen, fachlich zu entlarven und bloßzustellen. Wie ein Erbsenzähler habe ich ihn – abgestimmt mit zwei helfenden Kollegen – auf seinem vermeintlichen Fachgebiet vorgeführt. Hinterher hieß es: Wenn der schon so ein löcheriges Wissen in seinem Bereich hat, dann muss der Rest ja deprimierend sein. Sein Standing war dadurch geschwächt und nach einem Dreivierteljahr ist er gegangen.«

Wenn Sprücheklopfer stolpern: »Sein Rumgepolter ging unserem Team schon seit Monaten auf den Geist. ›Ich bin die Kugel in eurem Lauf‹, sagte er mal. Schlimmer geht's doch wohl nicht. Wir haben ihm dann zwei Stahlkugeln in den Tank seines BMW Z4 fallen lassen. Da hatte er dann seine Kugeln. Gescheppert hat's. Auch wenn das nicht für uns spricht: Er war einfach fällig.«

Wenn Drängler stolpern: »Seine aggressive Art hat uns provoziert. Aggressiv war er auch beim Autofahren, schnappte uns zum Beispiel auf dem Werksgelände durch seine rüde Art häufiger den beliebtesten Parkplatz weg, von dem aus man bei Regen trockenen Fußes in die Firma kommt. Wir haben dann seinen Wagen in der Nachtschicht aufgebockt. Da konnte er noch so flott starten, das brachte gar nichts. In dieser Nacht hat nicht nur sein Motor geheult.«

Wenn Blasierte stolpern: »Als Arzthelferin nervte mich mein Chef mit seiner blasierten Art, die er Nicht-Mediziner, Schlechterverdienende und Statusniedrigere wie mich spüren ließ. Arroganz und Geiz, eine üble Mischung. Gegen 18 Uhr sollte ich ihm als Service immer seinen Kräutertee kochen. Als ich wusste, dass ich mir eine neue Stelle suchen würde, habe ich seinen Tee mit geschmacksneutralem Abführmittel ergänzt und am nächsten Tag sein blasses, ausgelaugtes Auftreten genossen: Ich finde mein Handeln im Nachhinein nicht gut, aber ich finde gut, dass ich es getan habe.«

Wenn Besserwisser stolpern: »Der neue 36-jährige Aufsteiger in der Speditionsbranche kündigt seine 48-jährige Mitarbeiterin, weil er sie für überflüssig hält und sich Respekt verschaffen möchte – als ein Mann, der durchgreifen kann. Die Gekündigte, eine Frau, die den Laden seit Jahren in all seinen Facetten kennt, war mit der Gewichtsmessung der Lkws sowie allerlei weiterer speditionsspezifischen Aufgaben vertraut. Der Aufsteiger übersieht bei seiner Mackeraktion, dass er damit ausgerechnet die Person gefeuert hat, die ihm im Alltagsgeschäft den Rücken hätte freihalten können. So aber wurden seine Detailschwächen nach ihrer Kündigung für alle sichtbar. Auch für die Eigentümerfamilie. Nach sechs

Monaten zogen sie die Reißleine, entließen ihn und baten die 48-Jährige zurückzukommen. Besserwisser sollten sich merken, dass Verschlankung auch zur eigenen Amputation führen kann.«

Zugegeben, es ist nicht die feine englische Art, die in diesen Beispielen an den Tag gelegt wurde. Dennoch wird niemand den stolpernden Hochmütigen eine Träne nachweinen. Es ist aber nicht nur diese Spezies, die fällt. Weit häufiger sind es die, die es gar nicht verdienen, die sich aber nicht trauen, sich zur Wehr zu setzen. Diesen Mut sollen Sie jetzt in sich entdecken!

Also, wie verhindern Sie, dass Sie von Kollegen oder Chefs abgesägt oder durch deren Statements in ein schlechtes Licht gerückt werden? Dafür ist eine Analyse Ihrer persönlichen Reizbarkeiten nötig, also die Analyse von Handlungen oder Worten, auf die Sie zu schnell anspringen. Dabei sollten Sie unbedingt auch Ihren Humorschalter umlegen, damit Sie über Ihre Schwächen schmunzelnd hinwegsehen können. Reizbarkeit wird häufig durch **kognitive Dissonanz** ausgelöst, die das Gefühl der inneren Zerrissenheit zwischen Erfolgsträumen und Untergangsängsten beschreibt. Kognitive Dissonanzen wirken wie Salz in der Wunde – autsch, das brennt! Gablers Wirtschaftslexikon bezeichnet Kognitionen recht nüchtern als Erkenntnisse des Individuums über seine Lebens- und Berufswirklichkeit. Diese Kognitionen, also Einstellungen in Ihrem Kopf, können in einer Beziehung zueinander stehen. Kognitive Dissonanz entsteht, wenn sich diese Einstellungen widersprechen oder ausschließen und Traum und Wirklichkeit einfach nicht zusammenkommen.

Karrierehemmer: Wenn andere die richtigen Knöpfe drücken

Prof. Dr. Hans-Martin Weidenfäller leidet unter seiner Fachhochschulprofessur, obwohl sie ihm ein tolles Beamtengehalt und eine Menge Reputation einbringt. Aber sein Ziel ist eine statushöhere Universitätsprofessur. Weidenfäller hat sehr viel, aber er will halt noch mehr. Böse Zungen sprechen in so einem Fall von Wohlstandsverwahrlosung. Spricht man ihn darauf an: »Sie sind doch nur FH-Professor, richtig?«, fühlt er sich nicht nur als Versager und narzisstisch gekränkt, sondern auch provoziert. Er wird richtig aufbrausend, die Wut kocht in ihm hoch – und er kann nichts dagegen tun! An seinem Hals bilden sich sogar hektische Flecken. Das ist peinlich, denn jeder sieht: Weidenfäller ist ein Nimmersatt und leidet auf hohem Niveau. »Seine Sorgen möchte ich haben«, denken sich die meisten Menschen durchaus ein wenig neidisch.

Seine Dissonanz und Reizbarkeit in dieser Frage bekommt er einfach nicht in den Griff, sodass mancher Kollege, der es nicht so gut mit ihm meint, ihn mit derartigen FH-Bemerkungen im Fakultätsrat schnell an den Rand des cholerischen Ausbruchs bringen kann – was sich selbstverständlich herumspricht. Dieses Verhalten disqualifiziert Weidenfäller natürlich und lässt seinen Universitätstraum in noch weitere Ferne rücken.

Dissonant ist auch die Einstellung: »Ich liebe meinen Beruf, aber ich hasse diese Firma.« Dies führt zu einem Spannungszustand, den jeder Arbeitnehmer unbedingt lösen möchte, sonst zerreißt es ihn jeden Morgen fast auf dem Weg zur Arbeit. Kognitive Dissonanz treibt uns in so einem Fall an, zu handeln: das Arbeitsklima in der Firma zu ändern, sodass es einem besser gefällt, den Aufgabenbereich zu wechseln, damit die Spannung erträglicher wird, oder sogar das Unternehmen zu verlassen und den ganzen Ärger somit in Luft aufzulösen. Fakt ist: Je stärker Ihre Kognitionen zwischen Wunsch und Wirklichkeit auseinanderklaffen und je weniger Sie sich das eingestehen, desto leichter sind Sie reizbar und damit manipulierbar, denn Sie lassen sich leichter vorführen.

Pokerface: Lassen Sie sich Ihren emotionalen Zustand nicht anmerken!

Die Chemikerin Claudia Krippner ist fertig mit den Nerven. Sie fühlt sich ausgebrannt und hat Angst, depressiv zu werden. Gründe gibt es im Privaten wie im Beruflichen: Das Unternehmen, in dem sie arbeitet, ist in Schieflage geraten und ihre Ehe ist gefährdet, unter anderem weil ihre Überstunden wenig Zeit für Zweisamkeit lassen. Daher hat sie sich für ein Coaching entschieden, um ihr Leben wieder besser auf die Reihe zu kriegen.

Claudia Krippner steht in der Praxistür ihres Coachs wie ein Häuflein Elend: fettige Haare, blasser Teint, ein etwas zerschlissener Hosenanzug. Alles an ihrem Auftritt schreit: »Coach, nimm mich in den Arm, ich kann nicht mehr, ich bin fertig!« Kein sonderlich guter erster Eindruck, was?

Der Coach bittet sie herein und sagt: »Kommen Sie mal her. Schauen Sie bitte mal in den Spiegel dort.« Und schreit sie unvermittelt an: »Wenn ich so aussehen würde wie Sie, wäre ich auch depressiv! Was fällt Ihnen ein, hier so heruntergekommen bei mir aufzulaufen?!« Claudia zuckt erschrocken zusammen, ist einen Moment lang erstarrt, denkt, sie sei im falschen Film – und zischt dann spontan bissig zurück: »Was bilden Sie sich ein, so mit mir zu reden. Ich denke, das ist ein Coaching. Was soll denn das, das gibt's doch gar nicht! Frechheit!«

Nach dieser Ansage springt der Coach auf, greift ihre Hand, schüttelt sie und ruft freudestrahlend: »Gegenwehr, Claudia,

wunderbar! Das ist der erste Schritt aus der Depression!«
Claudia Krippner muss lachen. Gelacht hat sie schon lange
nicht mehr. Das Eis ist gebrochen. Trotzdem fragt sie sich natürlich, wo sie hier bloß gelandet ist. Fachlich gesprochen hat
sie gerade den Einstieg in ein **provokatives Coaching** erlebt. Die
Begrüßungsprovokation verfolgte das Ziel, ihre alten Gedan-
kenkreise aufzuwirbeln, damit Neues denkbar wird.[69] Gewir-
belt hat es, das ist unverkennbar. Ob die neuen Schritte gelingen, wird der weitere Verlauf des Coachings zeigen ...

Claudia Krippner ist auf der Suche nach einem neuen Selbstbewusstsein, über das Cyril Krüger-Jansen bereits verfügt. Sie
ist Assistentin der Geschäftsleitung und hat es immer wieder
mit reiferen, selbstgefälligen, leicht sexistischen Männern zu
tun, die ihr zeigen wollen, wo der Hammer hängt.

Selbstbewusstsein ist wie Teflon:
Attacken prallen wirkungslos daran ab

»Sie haben mir gar nichts zu sagen, Sie Tippse!«, bellt der Abteilungsleiter Edgar B. Klante die Assistentin Cyril Krüger-Jansen an. Eine weniger selbstbewusste Sekretärin wäre jetzt beleidigt bis tief getroffen und würde sich minderwertig fühlen.
Zum einen, weil es immer insgeheim ihr Wunsch war, mehr zu
sein als eine Assistentin, zum anderen, weil der Ausdruck
»Tippse« schlichtweg beleidigend ist und ihrer Aufgabenviel-
falt und ihrem Verantwortungsbereich nicht gerecht wird. Der
Abteilungsleiter hatte in dem Fall also zielsicher seinen Finger
in ihre Wunde gelegt und sie verletzt – was ja auch seine Absicht war.

Doch wo es keine Wunde gibt, nützt auch ein penetrant
bohrender Finger nichts. Cyril Krüger-Jansen ist nämlich sehr
stolz auf ihren Werdegang und sieht sich überhaupt nicht als

minderwertige Tippse. Sie weiß, dass sie als rechte Hand der Geschäftsleitung in der Schaltzentrale der Macht sitzt. Das hat Klante einfach falsch eingeschätzt. Entsprechend reagiert sie auch nicht eingeschnappt, sondern erwidert trocken: »Sie wirken heute auf mich irgendwie erregt, Herr Klante. So ein Ton ist übrigens unseren Kunden gegenüber ein No-go. Vielleicht sollte ich den Chef anregen, Sie für ein Coaching zum Thema ›Basiswissen der Kommunikation‹ zu empfehlen?«

Der Abteilungsleiter ist nach diesem bissigen Statement mit Drohpotenzial für Sekunden fassungslos, dann kurz vor dem Durchdrehen, bekommt sich aber gerade noch in den Griff. Zukünftig wird Cyril dafür sorgen, dass er nur noch Termine weit nach Dienstschluss bei der Geschäftsleitung erhält. In der Wartezeit kann er dann ja über sein Leben und seine Einstellungen nachdenken. So erklärt Cyril ihre Motivation: »Ich nenne das Erziehung. Herr Klante bekommt so von mir die Chance, ein besserer Mensch zu werden!« Chapeau, eine kluge Frau.

Sie sehen, dieses Thema ist zu ernsthaft, um es ohne Humor zu behandeln. Winston Churchill brachte die britische Humorvariante bereits vor Jahrzehnten zum Ausdruck: Während einer Abendgesellschaft wurde er von Lady Astor angegriffen. Die Dame sagte: »Wenn ich Ihre Frau wäre, würde ich Ihnen Gift in den Tee schütten.« Darauf Churchill: »Wenn ich Ihr Mann wäre, würde ich ihn trinken!« Cheers!

Wenn Sie herausgefunden haben, was Sie aus der Haut fahren lässt, sind Sie schon auf einem guten Weg zu mehr Selbstbewusstsein. Um Ärger mit den Kollegen und Vorgesetzten zu antizipieren, kann es aber auch nicht schaden, darüber nachzudenken, was die anderen auf die Palme bringt und welche Verhaltensweisen Sie daher tunlichst unterlassen sollten. Kurz: Finden Sie heraus, wo es Fettnäpfchen gibt, in die Sie womöglich aus Unwissen treten könnten.

Fettnäpfchenalarm – überall!

- Norbert Nauer, Mitarbeiter einer mecklenburgischen Krankenkasse, strapaziert seine Chefin, die eine klare Aversion gegen Motorsport hat, mit Erzählungen über die DTM, die er am Wochenende besuchen konnte – inklusive seines Aufenthalts in der Boxengasse. Die Chefin ist genervt.
- Die Lebensmittelchemikerin Zaki Bernau tut sich keinen Gefallen, wenn sie ihrem narzisstischen und um Lob bettelnden stellvertretenden Abteilungsleiter ständig den kritischen Spiegel vorhält. Damit macht sie sich nicht gerade beliebt.
- Ebenso unklug ist es von Stefan Kirchner, seinem pünktlichkeitsvernarrten Teamleiter Wartezeiten zuzumuten, nur weil er dessen Faible für unwichtig hält. Das merkt sich der Teamleiter natürlich.
- Fatal verläuft der Fehler von Monique Delfs, die ihrer Chefin einen schönen Strauß Lilien zum Geburtstag schenkt. Was sie nicht weiß: Ihre Vorgesetzte ist auf Lilien extrem allergisch. Ihre Chefin wiederum weiß nicht, dass Monique das nicht weiß, und wertet daher das unpassende Blumenpräsent als Attacke auf ihre Konstitution. Die Folge: Monique Delfs landet durch diese unbedachte Aktion auf ihrer Abschussliste. Ja, das ist ungerecht. Aber man muss auch leider sagen: dumm gelaufen. Nichtwissen schützt nicht vor Ärger. Hätte sie sich nur vorher informiert …
- Sahira Tellkamp schwärmt von ihrem harmonischen Familienleben und geht damit ihrem Single-Umfeld auf den Geist, das sich im Stillen auch nach Kindern und Familie sehnt, aber einfach nicht den richtigen Partner findet. Sahira ist das gar nicht bewusst. Sie wundert sich nur über die komische Teamstimmung.
- Rene Wacker, Teamleiter im Bereich Windkraftanlagen, ist in einer Sache besonders sensibel. Seine Empfindlichkeiten hätte sein neuer Mitarbeiter allerdings nur durchschauen

können, wenn er ins Yellow-Press-Firmengetratsche eingebunden gewesen wäre: Rene Wacker macht dem neuen Mitarbeiter das Leben schwer, weil der eine modische Ähnlichkeit in puncto Hemden mit dem Fußballtrainer Jogi Löw aufweist. Löw trägt bei Länderspielen gerne modische Strenesse-Hemden und genauso ein smarter Hemdenträger hat Wackers Frau beim letzten Amrum-Urlaub Avancen gemacht. Wegen einiger Ehespannungen war sie vordergründig darauf eingegangen. Rene Wacker hätte vor Eifersucht platzen können. Seitdem läuft vor seinem inneren Auge folgende kognitionspsychologische Assoziationskette ab: Shaped-fit-Hemden = Ehestreit = Nebenbuhler = Gefahr, gehörnt zu werden. Wohl dem, der Wackers Assoziationskette kennt und sich ihm gegenüber angemessen zu kleiden weiß! Der Neue weiß es nicht und bekommt wegen dieser Animosität unter Wacker kein Bein auf den Boden. Ist das fair? Nein, aber jammern hilft nichts, wenn man schon knöcheltief im Fettnapf steht. Wäre aber vermeidbar gewesen ...

Eine **Fettnäpfchenanalyse** nach dem Motto »Was ist für den Chef, den Teamleiter oder die Kollegen ein rotes Tuch?« hätte in all diesen Fällen enorm helfen können. Die hat aber keiner gemacht. Leider. Gehen Sie dieses Risiko nicht ein, bringen Sie stattdessen in Erfahrung, was Ihren Kollegen oder Vorgesetzten gegen den Strich geht. So vermeiden Sie unnötige Konflikte und Reibereien.

Einsteckerqualitäten brauchen Sie, wenn Ihr Gegenüber Sie als inkompetent diskreditieren will. »Als Dilettant und Versager dargestellt zu werden, das gehört zum (...) Geschäft.«[70] Das mag ja sein, ist aber kontraproduktiv, denn ein viel klügerer Satz lautet: Wer nie versagt und keine Fehler macht, stellt sich schlicht zu einfache Aufgaben. Da wäre noch Luft nach oben, die man für sich, das Unternehmen oder die Sozialeinrichtung nutzen könnte. Jean-Claude Biver, das Enfant terrible der Schweizer Uhrenindustrie, erwartet sogar, dass seine Leute Fehler machen, und er verzeiht sie: Aber jeden Fehler nur einmal. Einmal ist keinmal, zweimal ist einmal zu viel. Sein Motto: »Fehler sind der Motor der Weiterentwicklung, ohne Fehler gäbe es weder in der Natur noch in der Wirtschaft die notwendige Dynamik.«[71]

Dennoch gibt es mehr als genug perfektionistische Fehlernörgler und die vereint eine Regel: Je wichtiger und klüger Ihr Statement ist, desto kraftvoller werden die Attacken ausfallen, weil man nicht möchte, dass Sie sich hervorheben. Daher sollten Sie mögliche Angriffs- und Schwachpunkte durchschauen. Diese abzubauen ist leichter, als man im ersten Moment denkt. Die Fragen, die Sie für Ihre **Ärgerantizipation** beantworten müssen, lauten: Was können andere tun, um Sie beruflich abzusägen? Was könnte ein neidischer Kollege gegen Sie in der Hand haben, wenn es beim nächsten Stellenabbau um die Frage geht: Er oder Sie? Was könnte er unternehmen, um Sie loszuwerden oder ins dritte Glied zu katapultieren? Oder nehmen wir an, Sie gehen Ihrem Chef mit Ihrer Kritik an seinem Führungsstil auf die Nerven. Er würde Sie am liebsten mundtot machen, bekommt Sie aber nicht über Ihre seriöse Arbeitsleistung zu fassen, weil Sie fachlich versiert sind. Wie könnte er Sie trotzdem in die Defensive treiben?

Ein beliebtes Chefspiel ist es, Ihnen eine **schwammige Aufgabe** zu geben, die reichlich Interpretationsspielraum enthält. Wenn Sie diese unklare Aufgabe annehmen, manövrieren Sie sich automatisch in die Verliererposition. Denn egal wie Sie die gestellte Aufgabe jetzt lösen, man wird Ihnen einen Mangel an Präzision vorwerfen können. Wenn Sie Pech haben, wird das sogar in der Personalabteilung als charakteristisch für Ihr Berufsprofil dargestellt. Sie stecken damit in der klassischen Lose-lose-Situation und aus dieser Nummer kommen Sie jetzt im Grunde nicht mehr heraus. Sie müssen also vorab prüfen, ob die neue Aufgabe zu schwammig ist. Falls ja, präzisieren Sie sie unbedingt im Gespräch, haken Sie nach. Fixieren Sie die Ergebnisse des Briefings schriftlich und lassen es sich von Ihrem Chef gegenzeichnen oder per E-Mail von Ihrem Auftraggeber bestätigen. Dann sind Sie auf der sicheren Seite.

Auch gerne genommen: die **Innovation ohne Veränderungserlaubnis,** eine beliebte berufliche Falle, in die man leicht tappen kann, wenn man nicht aufpasst. Das geht so: Man bittet Sie, ein innovatives Projekt umzusetzen, allerdings mit der Auflage, nichts personell und nichts im Aufgabenzuschnitt der Kollegen zu verändern. Mit diesen Vorgaben kann Innovation nicht gelingen. Ist ja auch nicht so gewollt, man möchte schließlich, dass der Misserfolg auf Sie zurückfällt.

»Ich hätte schwören können, dass es in deinem Sinn war, als ich unserem Chef gegenüber deine Kündigungspläne erwähnte ...« Solche Hinterhältigkeit nennt die Forschung **Aggression in Unschuld.**[72] Ihr Gegenspieler tut so, als würde er Ihnen einen Gefallen tun. Vermeidbar ist das für Sie nur, wenn Sie im Job konsequent nicht über Pläne oder Handlungen kommunizieren – schon gar nicht per E-Mail –, die man gegen Sie verwenden könnte. Haben Sie das verpasst, sind Einsteckerqualität und Richtigstellungen gefragt. Das sollten Sie sich ersparen.

An dieser Stelle will ich Ihnen noch den **Leitfaden für hinterhältiges Delegieren** erklären. Nicht damit Sie ihn praktizieren, sondern damit Sie nicht darauf hereinfallen, wenn Ihnen jemand ein unmögliches Projekt unterjubeln möchte: Man startet ein hoffnungsvolles Projekt. Man stellt nach einer gewissen Zeit fest, dass die Idee misslingen könnte. Andererseits besteht noch eine gewisse Hoffnung. Deswegen wird das Ganze an einen ambitionierten Kollegen delegiert, der wegen der überraschenden Chance, die sich ihm bietet, kaum ablehnen mag. Natürlich verschweigt man ihm die Risiken. Sollte der Kollege an dem Projekt wie erwartet scheitern, drückt man im Meeting seine Enttäuschung über den Kollegen und seine schlechte Projektumsetzung aus, vor allem angesichts der fabelhaften Vorarbeit, die man selbst geleistet hat. Diesen Punkt streicht man natürlich besonders heraus. Sollte der Kollege wider Erwarten das Projekt zum Erfolg führen können, übernimmt man dieses kurz vor dem Abschluss »wegen frei gewordener Kapazitäten« wieder – immerhin hatte man es ja auch selbst angestoßen. Der Kollege schaut in die Röhre und man selbst heimst die Lorbeeren ein.

Grundsätzlich empfiehlt sich bei großem beruflichem Druck die **Maulwurf-Strategie:** erst einmal untertauchen, weiter wühlen, das Netzwerk im Untergrund sortieren und mit einem guten Plan wieder auftauchen. Das Auftauchen beinhaltet Ihre Bereitschaft, Angreifern entschlossen zu begegnen, wobei der Journalist und Buchautor Ulrich Viehöver[73] betont, dass derartige Rangeleien, etwa in der Autobranche, strukturell bedingt sein können: Wir wollen, dass unser Unternehmen »unabhängig bleibt, sich im mörderischen Konkurrenzkampf weltweit behauptet, die Kooperationen zwischen uns gegenseitigen Nutzen bringen und unsere Beteiligung eine ordentliche Rendite abwirft«. Es kann daher im Spannungsfeld des lokalen, nationalen oder globalen Wettbewerbs kaum gelingen, immer nur höflich und zuvorkommend zu agieren. Wettbewerb beinhaltet Konkurrenz und die ist nicht immer zimperlich.

Heute stolpert man über Kleinigkeiten, egal wo man gesellschaftlich steht. Einem Bundestagsabgeordneten wird zum Verhängnis, dass er sein berufliches Miles&More-Konto für private Reisen nutzt. Einer Kassiererin wird ihr Arbeitsverhältnis wegen eines Leergutbons zur Hölle gemacht, den ein Kunde hat liegen lassen und den sie einlöst. Eine Ministerin lässt sich im Dienstwagen an den Urlaubsort bringen, um ihre Dienstgeschäfte dort fortsetzen zu können. Dieser – aus ihrer Sicht – Fleiß wurde nicht belohnt und die Ministerin als eine Urlaubsabzockerin, die nur billig reisen will, diskreditiert. Dagegen wappnen kann man sich nur mit der Ärgerantizipation. Ich selbst praktiziere sie auch und bin – wider Erwarten – auf zwei Dinge gestoßen, über die ich an dieser Stelle aber ganz bestimmt nicht sprechen werde. Trotzdem peinlich. Also frage ich Sie noch einmal: Wo machen Sie kleine Fehler, die nach Ärger riechen?

Stecknadel gesucht und gefunden: Wenn wegen Kleinigkeiten Köpfe rollen

Claudia Kornberger, Mitarbeiterin in der Personalabteilung eines familiengeführten Unternehmens in Heidelberg, ruft mich eines Tages an und fragt: »Herr Weidner, ich muss mal eine Sache mit Ihnen abklären: Kennen Sie die Herren Kolb und Decker?« »Ja, die kenne ich, zwei Kollegen aus Ihrem Unternehmen. Die schätze ich sehr.« »Waren Sie mit den beiden vor einem Jahr am 7. September in Heidelberg essen?«, hakt sie nach. Ich erwidere: »Oh Gott, das ist ja schon ewig her, daran kann ich mich überhaupt nicht mehr erinnern!« Ich befrage daher meinen Timer vom letzten Jahr und darin steht zum besagten Datum der Eintrag »Vortrag Heidelberg«. Also lautet meine Antwort: »Ja, ich war für einen Vortrag da – und meistens gehe ich dann auch mit Leuten essen. Das können gut Kolb und Decker gewesen sein.« Sie ergänzt: »Das Ganze wurde um 21.35 Uhr per Visa Card bezahlt.« »Nein«, sage ich, »dann kann das nicht sein. Mein Rückflug ging bereits um 18.05 Uhr ab Mannheim.« Darauf Claudia Kornberger seufzend: »Schade, es trifft immer die Falschen …«

Was war geschehen? Die Abteilungsleiter Simon Kolb und Peter Decker wollten im Unternehmen etwas durchsetzen, das dem Senior-Chef und Eigentümer nicht zusagte. Etwas reifer und nicht mehr ganz in der Kraft der frühen Jahre, hatte der Senior-Chef allerdings Probleme, sich erfolgreich gegen Kolb und Decker zu positionieren. Deswegen eröffnete er ein anderes Spiel und ließ überprüfen, ob die Herren über ihre Spesenrechnungen angreifbar wären. Unter anderem wurde festgestellt, dass sie das besagte Essen mit mir angegeben hatten, um es als Geschäftsessen absetzen zu können, obwohl es ein reines Privatvergnügen war. Beide verloren wegen Betrugs (Gesamtsumme: läppische 120,00 Euro) ihre Position. Entlassen wurden sie zwar nicht, zu melden haben sie aber auch nichts mehr. Der Senior ist zufrieden.

Wie gesagt, heute stürzt man über Kleinigkeiten. Wo also machen Sie solche kleinen Fehltritte, aus denen man Ihnen einen Strick drehen könnte, wenn es ein juristischer Erbsenzähler böse mit Ihnen meint? Googeln Sie privat über Ihren Firmen-Computer? Im schlimmsten Fall googeln Sie auf schlüpfrigen Seiten, die sich im Cache des Zentralcomputers jederzeit nachweisen lassen? Nehmen Sie firmeneigene USB-Sticks oder andere Dinge mit nach Hause? Der Wert mag nur bei wenigen Euro liegen, aber Diebstahl bleibt Diebstahl. Man argumentiert: »Wenn Sie so mit 8 Euro umgehen, wie gehen Sie dann wohl mit den 800 oder 8000 Euro um, über die nachher entschieden wird?« Nutzen Sie Ihr Diensthandy für Privatgespräche? Interpretieren Sie Spesenabrechnungen großzügig, also zum Nachteil Ihrer Firma? Mogeln Sie bei den Fahrtkosten, indem Sie Ihre Bahncard nutzen, aber den vollen Tarif abrechnen? Diese Liste ließe sich unendlich fortsetzen.

Psychologisch gesehen werden diese kleinen Unregelmäßigkeiten begangen, um sich selbst zu honorieren. Man denkt, man habe es sich durch das berufliche Engagement verdient, weil man Überstunden macht, Arbeit übers Wochenende mit nach Hause nimmt, sich trotz Kopfweh oder Erkältung zum Job aufrafft oder (arbeitgeberfreundlich) immer nur im Familienurlaub erkrankt. Wer so viel leistet – so das ins Verderben führende Denken –, hat es sich verdient, auch einmal privat zu googeln, bei Rechnungen auch einmal fünf gerade sein zu lassen, um sich so 10, 20 oder 200 Euro gutzuschreiben. Die private Gratifikation wird damit zum **Motivations- und Kompensationselixier**. Diese Haltung ist weit verbreitet. Verzichten Sie trotzdem unbedingt auf diese kleinen Schummeleien! Denn das Googeln, die Sticks, die paar Euro fürs Essen oder für die Kilometerpauschale sind das Risiko nicht wert. Nicht nur die Kriminologie spricht hier von der **Kosten-Nutzen-Analyse**, die Sie durchführen sollten. Es sind im Grunde genommen Peanuts, die Sie Ihren Job und Ihren Aufstieg in der Firma – und womöglich sogar Ihren guten Ruf kosten können. Stellen Sie sich daher immer die Frage: »Was würde passieren, wenn das, was ich da gerade mache, als Schlagzeile in der lokalen Presse auftauchen würde?«

Bei der Karriere hört die Freundschaft auf

In einem süddeutschen Energieversorgungsunternehmen teilen sich Peter Eggimann und Barbara Lutz ein Büro. Beide arbeiten zehn Stunden plus x pro Tag, aber das stört sie nicht, weil ihr Projekt nach Erfolg riecht. Sie inspirieren sich gegenseitig, sie mögen sich. Manchmal ruft Barbara ihre schwer kranke Schwester in den USA an, um ihr Mut zu machen. Nach den Telefonaten widmet sie sich aber stets konzentriert wieder den Berechnungen. So weit, so gut.

Elf Monate später bewerben sich die beiden intern auf eine offene Stelle, die jeder von ihnen unbedingt ergattern möchte. Im Bewerbungsgespräch wird Peter Eggimann gefragt: »Sie kennen ja Ihre einzige Mitbewerberin. Sagen Sie mal, wo ist sie eigentlich besser als Sie?« Peter atmet tief durch, denkt nach und antwortet: »Also, sie ist wirklich eine beeindruckende Kollegin und ich wertschätze sie sehr. Wo sie besser ist? Also, was mich sehr beeindruckt hat, ist ihre soziale Kompetenz und die Fähigkeit, von dieser Kompetenz wieder auf das total Analytische umzuschalten, und das in nur wenigen Sekunden: In unserem letzten Projekt gab es für sie eine ganz schwierige gesundheitliche Familiensituation und sie hat ihrer Verwandten tollen Zuspruch gegeben. Da wir zum Teil Tag und Nacht zusammenhockten, bekam ich das ja unweigerlich mit. Das war schon beeindruckend, vor allem, wie sie dann innerhalb von zwei Sekunden wieder voll im Thema drin war.«

Die Folge dieser »kollegialen Komplimente«: Die Verwaltung überprüft die Telefonrechnung von Barbara, die einige dieser Privatgespräche natürlich vom Dienstapparat geführt hat. Sie war ja ständig in der Arbeit wegen des Projekts. Über 200 Euro hat sie dabei auf Firmenkosten vertelefoniert. Die Konsequenz: Er bekommt die Stelle. Sie bekommt eine Abmahnung. Und als Krönung sagt er noch zu ihr: »Du musst mir glauben, Barbara, das habe ich echt nicht gewollt!« Ja, wer's glaubt …

Also finden Sie heraus, womit Sie sich angreifbar machen – und schaffen Sie das sofort ab! Gleichzeitig steht eine weitere Frage im Raum: Wieso kommt es überhaupt zu derart destruktiven Handlungen im Kreise der Kollegen? Eine Antwort lautet: Neid. Neid auf das, was Sie erreicht haben oder noch erreichen könnten. Wenn Sie gute Ideen haben, einen guten Draht zur Firmenleitung, wenn Sie einen guten Job machen und auch noch bereit sind, dicke Bretter zu bohren, dann steigt die Wahrscheinlichkeit, dass Sie erfolgreich werden. Viele Ihrer Kollegen gönnen Ihnen das sicher – aber ganz sicher nicht alle. Einige werden felsenfest davon überzeugt sein, dass Sie definitiv die falsche Person sind, den falschen Weg gehen, Fehlprognosen aufsitzen und damit der Abteilung schaden. Diese Überzeugungstäter machen dann aus ihrer Sicht gegen Sie kein Mobbing, sondern sprechen von einer **Rettungsaktion**. Solche vermeintlichen Kollegen werden Gerüchte über Sie streuen und versuchen, Sie durch folgende Sätze zu diskreditieren:

- Den habe ich durchschaut.
- Der blendet uns alle.
- Wir dürfen nicht auf den hereinfallen.
- Der agiert nur egoistisch.
- Der ist nur aufs Materielle aus.
- Der arbeitet fachlich nicht fundiert, der kann nur gut reden.
- Der ist prinzipienlos.
- Der denkt nicht zu Ende und schon gar nicht nachhaltig.
- Der ist ein ganz übler Trickser.
- Nie war ich von jemandem so enttäuscht!

Diese und ähnliche Sätze werden natürlich nicht nur über Männer, sondern auch über Frauen verbreitet. Hören Sie diese oder ähnlich stigmatisierende Formulierungen, dann ist Vorsicht geboten. Behalten Sie diese Pappenheimer kritisch im Auge!

Wie man sich Feinde fürs Leben schafft

Prof. Dr. Hajo Mertens lehrt Kulturwissenschaften, fördert seinen Studenten Michael Kerner als wissenschaftliche Hilfskraft und bietet ihm das Du an. Michael weiß, dass diese Förderung Gold wert ist. Dennoch entwickelt er sich nicht in die Richtung seines Mentors, sondern wird Anhänger einer anderen Theorie. Professor Mertens empfindet das als Verrat und entzieht ihm entrüstet das Du. Michael irritiert dieses Vorgehen. Er muss seinen akademischen Weg nun ohne Mertens Hilfe fortsetzen, was ihm auch gelingt. Erst bei Michael Kerners Doktorprüfung treffen beide erneut aufeinander, denn Professor Mertens ist Mitglied der Promotionskommission. Dieser nutzt seine Machtposition aus, um seinem ehemaligen Liebling noch eins auszuwischen: Wenige Tage vor der mündlichen Prüfung lässt Mertens seinem ehemaligen Schützling einen 300 Seiten starken Forschungsbericht zukommen mit folgender Notiz: »Bitte bereiten Sie den noch für die Prüfung auf.« Diese Zusatzarbeit hat den kalkulierten Nebeneffekt, dass Michael seine restliche Vorbereitungszeit nur mit diesem Forschungsbericht verbringen muss, natürlich auf Kosten anderer relevanter Disputationsthemen.

In der Prüfung stellt Professor Mertens dann natürlich keine einzige Frage zu dem Forschungsbericht, sondern bohrt in den anderen Themen. Michael Kerner kann sich gerade noch mit der Note 3 aus der mündlichen Prüfung retten (mit einer Vier wäre er durchgefallen). Er erhält zwar seinen Doktortitel, schäumt aber vor Wut über Mertens Attacke. Michael macht Karriere und wird Jahre später sogar selbst zum Professor berufen. Kaum ist diese Fehlberufung – aus Professor Mertens Sicht – geschehen, publiziert dieser eine gepfefferte Kritik am Gesamtwerk des neuen Kollegen, um die Fachwelt auf dessen Fehlleistungen hinzuweisen. Die Kritik ist so umfassend, dass die Fachzeitung ihren Umfang nur in zwei aufeinanderfolgenden Heften bewältigen kann. Michael Kerner ist davon natürlich alles andere als begeistert – freut sich allerdings Wochen später über die Verkaufszahlen seines Standardwerks. Die sind seit dem Verriss hochgeschnellt, frei nach dem journalistischen Motto: Bad news are good news.

Michael Kerner schreibt seinem ehemaligen Professor daraufhin eine E-Mail, die ich allen kritisierten Autoren nahelegen möchte: »Verehrter Kollege, Ihren Verriss an meiner Arbeit teile ich nicht. Allerdings hat er die Verkaufszahlen meines Buchs nach oben getrieben, vielleicht weil sich einige Leser ein eigenes Bild machen wollten. Von den Tantiemen werden meine Frau und ich ein verlängertes Wochenende auf Langeoog verbringen. Dafür herzlichen Dank!«

Nehmen Sie Zeitgenossen wie Hajo Mertens ernst, auch wenn Sie zu Recht glauben, dass die nicht ganz richtig ticken.

Je weniger Sie mit ihnen kommunizieren, desto weniger Angriffsfläche bieten Sie. Die Strategie **Löschen durch Ignorieren** haben Sie ja bereits kennengelernt. Akzeptieren Sie, dass diese Person Sie – warum auch immer – als Feind ansieht, aber verschwenden Sie bitte keine Zeit damit, über das Warum nachzudenken. Entschuldigen oder verharmlosen Sie ihr Verhalten nicht und reden Sie sich ihre Irrationalität auf keinen Fall schön. Seien Sie bei dieser Person ruhig nachtragend und denken Sie daran: Man trifft sich immer zweimal im Leben!

Wenn Gegenspieler Ihre Misserfolge auskosten

Beim Jahresauftakt-Meeting sitzen 44 Professorinnen und Professoren an einem imposanten ovalen Tisch zusammen. Zwei der Teilnehmer kommen aus den USA, drei sind aus der Schweiz, der Rest stammt aus Deutschland. Als das Meeting sich nach knapp vier Stunden seinem Ende neigt, weist Franziska Arcon auf ein Projekt ihres Kollegen Sebastian Borer hin. Der ist zunächst erfreut, hat er doch im Vorjahr sechs Projekte umgesetzt, von denen fünf erfolgreich verlaufen sind. Allerdings realisiert Sebastian schnell, dass Franziska nicht über diese fünf Projekte sprechen möchte, sondern über das eine missglückte! Das ist Sebastian mehr als peinlich, da es kurz vor Projektende seine Fehlentscheidung war, die das Ganze zum Scheitern gebracht hat. Als er seinen Fehler damals bemerkte, war es für eine Kurskorrektur schon zu spät. Sebastian Borer hatte in seiner Verzweiflung noch den schäbigen Versuch gestartet, das außer Kontrolle geratene Projekt an einen wenig geschätzten Kollegen zu delegieren. Aber auch das misslang, obwohl er den Leitfaden für hinterhältiges Delegieren befolgt hat.

Sebastian ist über Franziskas Einlassungen selbstverständlich not amused. Ihr Hinweis »Wir müssen gemeinsam aus unseren Fehlern lernen« vor versammelter Mannschaft provoziert ihn zusätzlich, da nun auch die Schweizer und Amerikaner von seinem Missgeschick wissen. Sebastian macht dennoch gute Miene zum bösen Spiel und erwidert: »Das ist ein ganz wichtiger Punkt, den Sie ansprechen, Frau Arcon. Darüber denke ich nach.« Er macht sich Notizen in seinem Timer, von denen die Runde annimmt, sie beträfen die geäußerte Kritik. Das stimmt nur indirekt, denn Sebastian schreibt auf: »Arcon: MS«. (MS steht übrigens für Miststück, denn eine solche Notiz kann er ja schlecht uncodiert in seinen Terminplaner schreiben.) Diese Notiz ist für Sebastian wichtig, weil er über ein phänomenales Kurzzeit-, aber ein katastrophales Langzeitgedächtnis verfügt. Gemeinheiten dieser Art vergisst er nach kurzer Zeit, denn er hat Wichtigeres zu tun. Andererseits will er der Franziska nie wieder helfen – und die Timer-Notiz soll ihn daran erinnern. Er kennt nämlich die **Helfer-Machtspiel-Regel**: Kollegen zu helfen, die früher schon gemein zu einem waren, verbessert die Lage kein Stück. Im Gegenteil: Es führt in den meisten Fällen nur zu weiteren Boshaftigkeiten dieser unfairen Personen. Also: Helfersyndrom aus!

Sebastian Borer lässt die Sache allerdings nicht auf sich beruhen. Er will, dass sich Franziska Arcon ändert. Fachlich gesprochen hat er einen Erziehungsanspruch. Sein Motto: »Wenn ich erzieherisch mit jemandem fertig bin, soll der hinterher ein besserer Mensch sein, als er vorher war.« Aus seinem Mund klingt das wie eine Drohung. Wie macht man aber aus Franziska Arcons einen besseren Menschen? Sebastian hat eine Idee. Er ist ja Vorsitzender des Forschungsausschusses und Franziska forscht. Das bedeutet, er muss ihren Antrag per Unterschrift bewilligen – was er natürlich nicht tut. Vielmehr notiert er mit Bleistift auf den oberen rechten Rand ihres Deckblatts, ohne einen Blick in den Antrag zu werfen: »Defizite in der Metatheorie. Bitte präzisieren.« Kaum jemand in der Wissenschaft weiß ganz genau, was Metatheorie ist. Wer hier nacharbeiten muss, ist zeitlich gefordert. Seiner Notiz fügt er den Satz hinzu: »Bitte die metatheoretischen Ergänzungen mit kursivierter Schrift kennzeichnen« – er hat das Exposé schließlich noch gar nicht gelesen.

Als Franziska Arcon einige Wochen später die überarbeitete Fassung des Exposés, das sie sicherlich einige Zeit gekostet hat, persönlich abgibt, bedankt sich Sebastian Borer höflich. Da er ihr aber klarmachen will, worum es bei der ganzen Sache wirklich ging, lächelt er sie siegesgewiss an und sagt: »Wissen Sie, seit Sie mir bei unserem internationalen Januar-Meeting die interessante Rückmeldung zu meinem Projekt gegeben haben, habe ich wieder angefangen, präziser zu lesen und zu denken.«

Nach so einer Kampfansage können zwei Dinge passieren: 1. Erbitterte Feindschaft und Krieg auf Lebenszeit – was zum Glück nur extrem selten geschieht. 2. Franziska Arcon lädt Sebastian Borer zu einem klärenden Gespräch bei einer Tasse Kaffee ein. Gemeinsam gehen sie in die Cafeteria und unterhalten sich. Klar, Freunde fürs Leben werden die beiden nicht – aber weitere Machtspielchen lassen sich in Zukunft vermeiden. Franziska wird bestimmt andere Opfer finden, aber Sebastian wird sie ab sofort in Ruhe lassen. Dafür hat er gesorgt.

Was Sie sich unbedingt merken sollten: Harmonieduselei ist out!

- **Seien Sie ehrlich zu sich!** Denn je stärker Ihre Kognitionen zwischen Wunsch und Wirklichkeit auseinanderklaffen und je weniger Sie sich diese Dissonanzen eingestehen, desto leichter sind Sie reiz- und manipulierbar. Finden Sie heraus, welche Knöpfe Ihre Gegenspieler bei Ihnen drücken können, um Sie aus der Haut fahren zu lassen.
- **Nehmen Sie gefälligst Haltung an!** Wer sich seinen emotionalen Zustand zu sehr anmerken lässt, ist ein leichtes Opfer. Wer hingegen sein Selbstbewusstsein schult, erwirbt einen Teflonpanzer, an dem Attacken wirkungslos abprallen.
- **Shit happens!** Seien Sie bei Fehlern nachsichtig, denn wer nie versagt und keine Fehler macht, stellt sich schlicht zu einfache Aufgaben.
- **Lassen Sie nichts auf sich kommen!** Nicht alles Legale ist auch legitim und moralisch geboten, das wissen Sie ja. Selbst Kleinigkeiten können Ihnen beruflich das Genick brechen. Es lohnt sich nicht, wegen Peanuts Ihre Karriere und Ihren guten Ruf aufs Spiel zu setzen.
- **Grenzen Sie sich ab!** Kollegiale Stinkstiefel sind ohnehin felsenfest davon überzeugt, dass Sie die falsche Person sind, den falschen Weg gehen, Fehlprognosen aufsitzen und damit allen schaden. Je weniger Sie mit diesen Personen kommunizieren, desto weniger Angriffsfläche bieten Sie ihnen. Löschen durch Ignorieren – der Klassiker.

Was Sie jetzt zu tun haben: Reizbarkeitsanalyse, Ärgerantizipation und Fettnäpfchenanalyse

- **Aufgabe 1:** Führen Sie eine Reizbarkeitsanalyse durch: In welchen Situationen oder bei welchen Themen sind Sie zu schnell reizbar und springen zu schnell auf Provokationen an? Nehmen Sie sich bei Ihrer schlimmsten Reizung zukünftig vor, immer erst bis 20 zu zählen und dann erst am nächsten Tag zu reagieren – nachdem Sie eine Nacht darüber geschlafen haben. Die Nacht wird einiges relativieren. Diese Vorgehensweise verhindert Ihre unangemessene spontane Reaktion und ermöglicht Ihnen, danach Ihren sadistischen Fantasien über die Person freien Lauf zu lassen. Nicht vergessen: Ihre Fantasie ist der letzte rechtsfreie Raum. Böse Denken ist erlaubt und tut als Erstversorgung gut! Und arbeiten Sie gleichzeitig an Ihrem Selbstbewusstsein, dadurch bekommen Sie nämlich automatisch ein dickeres Fell.
- **Aufgabe 2:** Führen Sie eine Ärgerantizipation durch, also stellen Sie sich vorausschauend die Frage, wie andere, vielleicht neidische Kollegen Sie provozieren und absägen könnten. Analysieren Sie, wo Sie Fehler machen, die nach Ärger riechen. Sowie Sie Ihre fragwürdigen Verhaltensweisen identifiziert haben: Schaffen Sie sie schnellstens ab!
- **Aufgabe 3:** Führen Sie eine Fettnäpfchenanalyse durch. Welche Verhaltensweisen bringen Ihre Kollegen und Vorgesetzten so richtig auf die Palme? Wenn Sie sich diese Fettnäpfchen bewusst machen, vermeiden Sie jede Menge Ärger und unnötige Reibereien.

KAPITEL 7

SEIEN SIE SCHLAUER ALS IHR CHEF: WIE SIE MIT DER DIAMANTENANALYSE ZUM HIERARCHIE-CHECKER WERDEN

Über Höflichkeitslügen, Ruhigstellen durch Überflüssigkeit und Chef-Empathie

In diesem Kapitel lernen Sie die Diamantenanalyse kennen – und die ist wirklich Gold (beziehungsweise Diamanten) wert. Sie stammt von dem New Yorker Professor Howard Polsky. Seine Team- und Gruppenanalyse hat er bei der Arbeit mit kriminellen Jugendlichen entwickelt, die im Cottage Six, einem Internat für böse Buben, untergebracht waren. Polsky hat sich seinerzeit nicht träumen lassen, dass seine Analyse über die Statusrollen aggressiver Gang-Mitglieder so erfolgreich im Berufsleben eingesetzt werden könnte.

Der Professor und sein Chauffeur

Ich lernte Polsky persönlich im Garten meines Doktorvaters kennen, der auch ein Fan dieser Analyse war und sie seinerzeit leider auch gegen mich einsetzte, indem er mir die Laufjungenrolle zuwies. Und das lief so ab: Mein Doktorvater besaß keinen Führerschein (er hatte es versäumt, ihn als Jugendlicher zu machen, und später – als Professor – hatte er Angst, durch die Prüfung zu fallen und sich zu blamieren). Also bestellte er mich morgens um 7.15 Uhr zur Promotionsbesprechung zu sich nach Hause. Ich fuhr mit meinem Golf zu ihm, aber kaum angekommen, brach er das Gespräch ab und sagte: »Wir müssen sofort ins Büro.« Also fuhr ich ihn. Als Service. Und genau

173

darauf hatte er spekuliert, sodass er immer wieder versuchte, Besprechungen frühmorgens anzusetzen. Ich mutierte also in meiner damaligen Naivität vom Laufjungen zum Chauffeur – eine Rolle, die ich sofort beendete, nachdem ich Polskys Analyse begriffen hatte.

Die Diamantenanalyse begegnete mir später während meiner Arbeit in Philadelphia. Ich praktizierte sie dort – unter Anleitung – mit Gang-Schlägern und gewalttätigen Jugendcliquen aus New York, Washington und Philadelphia. Das Ergebnis war faszinierend: It works! Ich konnte die furchteinflößenden Gruppen sozusagen »lesen«, durchschauen und zum Guten beeinflussen – mit dem Diamanten als Schlüssel. Nach meiner Rückkehr nach Deutschland praktizierte ich diese Analyse dann auch bei deutschen Schlägern. Das klappte auch.

Jahre später transferierte ich dann Polskys Analyse auf Teams, Arbeits- und Projektgruppen in die Berufswelt. Nur mal so zum Spaß. Ich war neugierig, ob diese mit der Diamantenanalyse auch zu lesen sein würden. Es funktionierte so gut, dass ich die Analyse seit vielen Jahren in meinen Berufsalltag integriere. Seither bin ich vor bösen Überraschungen gefeit, weil ich vorher weiß, wer mich irgendwann unangenehm überraschen oder enttäuschen wird. Ich weiß sogar vorher, wer es gut mit mir meint oder wer mich vorne anlächelt und hinten tritt. Albert Thiele[74], seines Zeichens Autor und erfahrener Managementberater, weiß das auch. Er empfiehlt Berufstätigen dringend – in der Tradition des Psychodramatikers Moreno –, **Soziogramme** zu erstellen, um Verbündete und Gegner klar vor Augen zu haben. Soziogramme sind grafische Darstellungen der Berufsbeziehungen in Teams, die einem auf einen Blick klarmachen, wie im Haus der Hase läuft. Dass dieses Wissen bitter nötig ist, bestätigt Diethelm Metz, Informationstechniker aus Berlin: »Die Stimmung ist in unserer Abteilung wegen der Umstrukturierungen von Misstrauen und Perspektivlosigkeit geprägt, verbunden mit massivem

174

Druck von oben, was zu zunehmend aggressivem und intrigantem Verhalten führt und mir Kenntnisse für Befreiungsschläge abverlangt, die ich gar nicht habe.« Eva Maria Lutz, die in einem Handelsbetrieb in Ulm ausgebremst wird, klagt: »Ich starre fassungslos auf die gläserne Decke, die mich darin hindert, meinen Fähigkeiten entsprechend zu arbeiten: Ich stecke im Assistentinnensyndrom fest, obwohl ich gar keine Assistentin bin.« Ganz bitter klingt es bei Sabine Neumann, einer Polizistin in Hessen: »Unser Team ist ein Wolfsrudel und ich muss Wege finden, da nicht unterzugehen.« Bei all diesen Problemen kann die Diamantenanalyse helfe. Sie ist nämlich ein solches Soziogramm.

Damit Sie Ihre Ziele erreichen können, müssen Sie wissen, wie Ihr berufliches Umfeld zu Ihnen steht und wie Sie mit den einzelnen Mitgliedern umgehen sollten. Daher schauen wir uns mit den folgenden zwei Fragen Ihr Umfeld konkret an:

- Welche Rolle nehmen Sie im Job ein?
- Wo und in welchen Rollen sitzen Ihre Freunde und Gegenspieler?

Dazu machen wir jetzt eine mikrosoziologische Kleingruppenanalyse. Keine Sorge – das ist nur halb so kompliziert, wie es sich jetzt anhört, denn die Diamantenanalyse ist ein wunderbares Werkzeug. Damit können Sie eine Jugend-Gang in Moskau oder in New York genauso lesen wie die Leitung einer Wiener Werbeagentur, den Vorstand eines Stuttgarter Automobilkonzerns, die Mitarbeiterstruktur einer Bank in Zürich oder eben Ihre eigenen Kollegen. Es geht dabei um **Streetgang-Wissen** für Berufstätige, so das *Handelsblatt* (2006), die nicht ins offene Messer laufen wollen. Der Diamant hilft Ihnen bei der Analyse, angenehme Verbündete zu finden und anstrengende, illoyale Kollegen auf Distanz zu halten.

Schauen wir uns also an, wer in Ihrem Team oder Ihrer Abteilung welche Rolle einnimmt. Bei der Diamantenanalyse gibt es dafür acht Rollen, die hierarchisch von oben nach unten angeordnet sind. Sie sollen Ihnen Orientierung im Netz Ihrer beruflichen Verflechtungen geben. Diese acht Rollen möchte ich komprimiert erläutern, während Sie gleichzeitig überlegen, ob Ihre Kollegen diese Rollen Ihnen gegenüber positiv, negativ oder neutral ausfüllen:

- Positiv sind die, die Ihnen Ihre Fehler nachsehen und Sie unterstützen. Sie genießen ihr Vertrauen.
- Negativ sind die, die Sie kritisieren, selbst wenn Sie Gutes tun. Sie sind nie mit Ihnen und Ihrer Leistung zufrieden und weisen darauf hin, dass Ihr Erfolg Zufall oder selbstverständlich oder nicht außergewöhnlich sei. Negative werten Ihre Arbeit und Ihr Engagement ab. Ich vermute, Sie haben das feine Gespür, diese Kandidaten schnell zu identifizieren. Klaus Marti, der in einem Kieler Logistikunternehmen tätig ist, kennt diesen Menschenschlag: »Ich kann Ihnen sagen, welche Leute ich verachte: Besserwisser, die ihr Fähnchen nach dem Wind hängen, die lange inhaltslos reden können, um danach über Detaildiskussionen allen die Zeit zu stehlen und als Beziehungskarriere-Schleimer dann noch einen bedeutenden Eindruck zu machen versuchen, gleichzeitig bewusst lügen, um sich Vorteile zu verschaffen und mich alt aussehen zu lassen, sodass ich mich denen hilflos ausgeliefert fühle.«
- Neutral sind die Kollegen einzustufen, die sich Ihnen gegenüber durchaus nett geben, Sie aber, ohne mit der Wimper zu zucken, im Stich lassen, wenn es mal hart auf hart kommt. Sie geben sich unter vier Augen verständnisvoll, sichern Ihnen Unterstützung zu – aber sobald im Meeting ein wenig Gegenwind aufkommt, gleiten sie ab in die Unverbindlichkeit. Von solchen Kollegen kommt nichts Rückenstärkendes. Wenn man sie hilfesuchend anschaut, sortieren sie konzentriert ihre Unterlagen oder tippen verträumt in ihr

Smartphone, um Sie effektiver ignorieren zu können. Neutrale umgeben sich gerne mit einem unschuldigen Habitus, tun so, als ob sie die Problemlage und die Nöte, in denen Sie stecken, gar nicht erkannt haben. Oder sie geben sich nachdenklich und abwägend: Mit Sätzen wie »Ich konnte mir noch keine richtige Meinung dazu bilden« spielen sie auf Zeit, um sich nur nicht in Ihrem Sinne positionieren zu müssen. Kurz: Sie sind absolut unzuverlässig – und das sollten Sie möglichst früh wissen. Auf Neutrale brauchen Sie nicht zu setzen, Sie können aber versuchen, sie mit der Zeit auf Ihre Seite zu ziehen.

Die **Positiv-negativ-neutral-Analyse** ist einfach zu erstellen: Wer positiv aufgestellt ist, bekommt auf Ihrer Namensliste ein Pluszeichen, die Negativen bekommen ein Minuszeichen und die Neutralen einen Kreis. Das macht die Analyse auf einen Blick überschaubar. Und sie ist auch kinderleicht zu lesen und zu interpretieren: Je mehr Pluszeichen Sie haben, desto schöner ist Ihr Berufsleben. Je mehr Minuszeichen Sie haben, desto wärmer müssen Sie sich anziehen. Sollten Sie sich bei dem einen oder anderen Namen unsicher sein, suchen Sie bei einem vertrauenswürdigen Kollegen Rat: »Kannst du mich mal briefen? Ich kann den Kollegen Fuchs so schlecht einschätzen. Was meinst du?« Die Wissenschaft spricht von der Hilfe durch **»signifikante andere«**. Listen Sie jetzt auf einem Blatt Papier die Kollegen und Chefs auf, die für Sie derzeit am relevantesten sind, um Ihre Ziele zu erreichen oder Ihren Status im Job zu sichern. Das können auch mehrere Gruppen im Unternehmen sein, für die Sie dann jeweils eine Diamantenanalyse erstellen.

Die acht Rollen der Diamantenanalyse

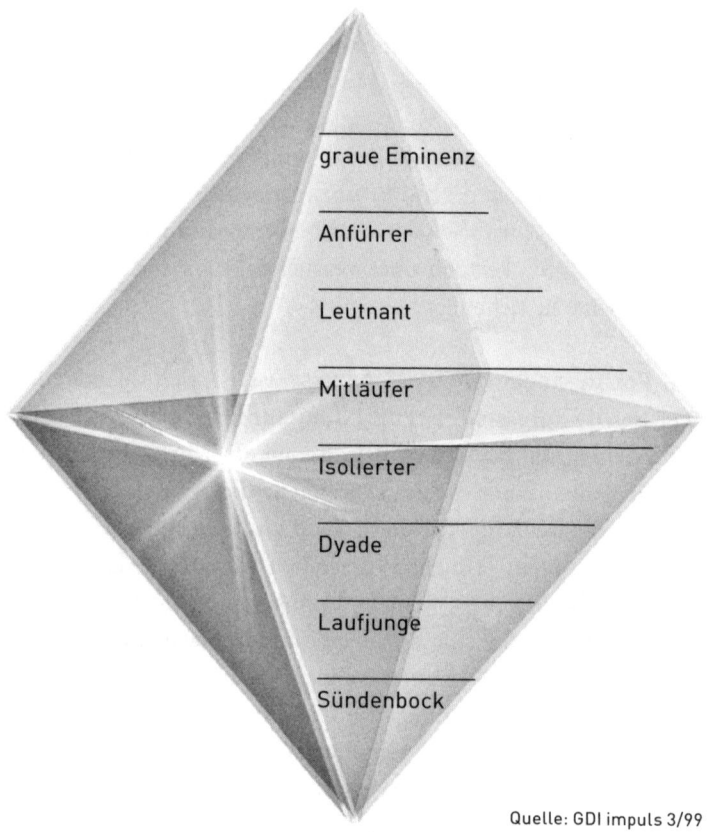

graue Eminenz

Anführer

Leutnant

Mitläufer

Isolierter

Dyade

Laufjunge

Sündenbock

Quelle: GDI impuls 3/99

Anführer sind die, die entweder offiziell oder informell ein Team leiten. Sie sagen, wo es langgeht. Sie treffen die Entscheidungen, die bereits im Kleinen beginnen können, wie bei Amelie Bötticher aus der Kölner Medienbranche: »Als ich Abteilungsleiterin wurde, habe ich unsere Meetings zeitlich um zwei Drittel gekürzt. Bei jedem Wortbeitrag der schwafelnden männlichen Kollegen habe ich eine Eieruhr laufen lassen, um jeden Wortbeitrag auf drei Minuten zu begrenzen. Die eingesparte Zeit habe ich offiziell für Mediengespräche außer Haus genutzt. In Wirklichkeit war ich stattdessen beim Wellness. Unserem Leistungsvermögen hat es nicht geschadet, meiner Kondition aber sehr gutgetan. Und die brauche ich in meiner Branche.« Anführer agieren manchmal aber auch demotivierend: »Unserem Chef ist es wichtig, Sieger zu sein, um uns dominieren zu können, selbst wenn es auch ganz normal und freundlich ginge«, klagt der altgediente Justizbeamte Wilhelm Scharner.

Haben Sie Ihren offiziellen Anführer identifiziert? War gar nicht so schwer, oder? Fragt sich nur noch, wie man mit ihm umgehen soll. Leicht ist dies bei Chefs, zu denen man aufschauen kann, weil sie einfach gut sind, fair agieren, man von ihnen viel lernen kann und gerne die Mitarbeiterrolle annimmt. Die Kunst liegt aber im Umgang mit denjenigen Chefs, bei denen man sich fragt, was die auf ihrem Posten eigentlich zu suchen haben, weil sie weder fachlich noch menschlich viel taugen. Der Leadership-Experte Alexander Groth empfiehlt in so einem Fall, den eigenen Chef zu führen – ohne dass er oder sie sich geführt fühlt. Dafür gibt es allerdings eine Voraussetzung, die vielen authentischen Arbeitnehmern mit unangenehmen Chefs schwerfällt:

»Akzeptieren Sie Ihren Chef. Ihr Chef wird sich nur dann von Ihnen führen lassen, wenn er Ihnen vertraut. Dies tut er dann, wenn Sie ihn als Menschen und als Chef akzeptieren. Nur so fühlt er sich von Ihnen in seiner Funktion unterstützt. Respektieren Sie Ihren Vorgesetzten dagegen nicht, wird er sich von Ihnen nicht beeinflussen lassen. Ihr Chef spürt, ob Sie für oder gegen ihn sind. Es kommt aber noch schlimmer: Wenn Ihnen Ihre Führungskraft unsympathisch ist, wird sie auf Dauer dasselbe für Sie empfinden. Die Folge ist, dass sie sich von Ihnen nicht nur nicht führen lässt, sondern Ihnen sogar Steine in den Weg legen wird. Es ist also besser für Sie, wenn Sie die sympathischen Seiten an Ihrem Chef entdecken, dann wird er auch Ihre wahrnehmen. Das fällt aber vielen Menschen sehr schwer.«[75]

179

Die sympathischen Seiten betonen trotz des Wissens um die Schattenseiten des Vorgesetzten, das kommt nicht immer gut bei den Kollegen an, die dieses Verhalten gerne als Schleimerei titulieren. Zu Unrecht, denn mit dieser Art der **Chef-Empathie** können Sie im Job einiges in Ihrem Sinne und im Sinne Ihrer Kollegen bewegen. Rückendeckung von oben haben Sie jetzt nämlich. Zum »Cheffing« ermutigt auch der illusionsfreie Hamburger Journalist Marc Herwig: »Der Abteilungsleiter hat Defizite? Meckern hilft nicht.«[76] Besser ist es, wenn das Team versucht, Einfluss zu nehmen und ihn zu unterstützen, indem es Entscheidungshilfen einbringt. Und zwar so, dass der Chef nicht sein Gesicht verliert, sondern das Gefühl hat, frei zu seiner klugen Entscheidung gekommen zu sein. Das hilft ihm und dem Team! Und es ist allemal besser, als larmoyant zu sein oder als Querulant das Betriebsklima zu verschlechtern – auch wenn man allen Grund hat angesichts des Leitungsdilemmas.

Der Anführer ist nicht zu verwechseln mit der **grauen Eminenz**. Das ist die Macht im Schatten. An dieser orientiert sich Ihr Anführer heimlich. Die graue Eminenz kann der Senior-Chef sein oder ein Außenstehender, ein Berater etwa. Fragen Sie sich, wer nachhaltigen Einfluss auf die Entscheidungen hat, die bei Ihnen getroffen werden. Wenn Sie die graue Eminenz kennen, sollten Sie sie für Ihre Projekte, Ideen oder Anliegen gewinnen. Gelingt Ihnen das, liegt Ihnen Ihre Leitung zu Füßen, weil sie ungern gegen die graue Eminenz agiert. Sie werden quasi unantastbar.

Die dritte Rolle sind die **Leutnants**. Sie machen die Arbeit, die nach Ärger riecht, manchmal auch die Drecksarbeit. Sie halten der Leitung den Rücken frei und sind loyal, selbst wenn sie persönlich anderer Meinung sind. Für die Chefetage gilt: Man braucht nicht selbst durchsetzungsstark zu sein, solange man einen Leutnant hat.

Einer muss die Drecksarbeit ja machen ...

Jasmin Bernhard ist Teamleiterin im Handel. Immer wenn unangenehme Mitarbeitergespräche anstehen, spannt sie Thomas Fichtner für ihre Zwecke ein: »Thomas, geh mal zu Herrn Ehrmann und führe mit ihm ein Vater-Sohn-Gespräch. Du bist der Vater, er ist der Sohn.« Thomas, in der Rolle des Leutnants, weiß natürlich genau, was von ihm erwartet wird. Er ruft Richard Ehrmann zu sich ins Büro und zischt ihn an: »Das ist enttäuschend, wie du arbeitest, einfach enttäuschend! Nichts klappt bei dir und unzuverlässig bist du auch. Wir sind stinksauer! Das ganze frühere Gerede hat ja gar nichts gebracht. Du bist zu stur ...« So geht es eine Weile weiter. Richard Ehrmann ist von dem toughen Feedback zunächst wie paralysiert, dreht sich dann entsetzt um und geht schnurstracks zu seiner Vorgesetzten Jasmin Bernhard, um sich über den Anpfiff zu beschweren.

Jasmin tut überrascht: »Wie hat Thomas mit Ihnen gesprochen? Herumgeschimpft? Das geht ja überhaupt nicht! Ich möchte nicht, dass bei uns so miteinander umgegangen wird. Aber: Was er Ihnen gesagt hat, darüber denken Sie bitte nach. Das ist ein ganz wichtiger Punkt!« Richard verlässt das Büro erleichtert, wenn auch irritiert. Er steckt in einer Normkrise, die in der Soziologie als **anomischer Zustand** beschrieben wird: Sein altes Verhalten wird nicht mehr toleriert, aber neues Verhalten hat er noch nicht erworben. Spätestens jetzt hat er gelernt, dass er sich vor Thomas in Acht nehmen muss und dass Jasmin ihm helfen wird. Good cop, bad cop – der Klassiker. Genau nach Plan. Jasmin ruft Thomas zu sich ins Büro, schließt die Tür, klatscht ihn ab und sagt: »Guter Job, Thomas! Und, wen nehmen wir uns als Nächstes zur Brust?«

Guter Bulle, böser Bulle: ein beliebtes Zusammenspiel mit dem Leutnant. Viele Arbeitnehmer mit Aufstiegspotenzial werden früher oder später durch das Nadelöhr der Leutnantrolle gejagt. Es ist eine Art Testlauf für schwierige, konfliktträchtige Themen. Vorgesetzte prüfen damit die Lösungskompetenz von Mitarbeitern, an die sie später mit ruhigem Gewissen Kompliziertes delegieren wollen. Mit Norbert Keilmanns Worten, einem Teamleiter in der Stuttgarter Automationsbranche, gesprochen: »Schön können viele. Erst beim Unangenehmen trennt sich die Spreu vom Weizen.«

Die nächste Rolle sind die **Mitläufer**. Sie tauschen sich privat und beruflich aus, lieben Tratsch, streuen hin und wieder Gerüchte, wissen, wer mit wem kann oder wer sich gerade privat getrennt hat. Mitläufer sind sympathische Kollegen, die ihren normalen Job ordentlich erledigen, sich ungern stressen lassen und gerne auch mal in den Dienst-nach-Vorschrift-Modus verfallen. Mitläufer machen nichts kaputt, sie gestalten aber auch nichts Innovatives. Sie sind die kollegiale Masse, die das Unternehmen schlicht am Laufen hält – unabhängig davon, wer es gerade leitet. Für die Wirtschaftsberaterin Gertrud Höhler ist diese Rolle auch im Management allgegenwärtig. Zynisch, von oben herab, formuliert sie: Leadership bedeute heute auch, »aus Gegnern Mitläufer machen, indem man ihre Bekenntnisse kapert (…) Wer im Wertemix die Spur verliert, hat immer noch die autoritäre Chance, zum gefügigen Mitläufer zu werden.«[77] Mitläufer sind übrigens leicht zu orten, denn sie treffen sich bei Kaffeemaschinen, in hochfrequentierten Fluren oder in Raucherecken, also überall dort, wo informell und unverbindlich kommuniziert wird. Sie wissen: Wer seinen Kopf aus dem Fenster steckt, erntet Gegenwind – und das wollen Mitläufer nicht, denn sie schätzen Harmonie und vermeiden es, anzuecken. Ihre Kommunikation gestaltet sich freundlich und ein wenig schwammig, sodass sie konfliktfrei und geschmeidig durch das berufliche Universum gleiten. Mitarbeiter und Chefs, die sich dieses Rollenverhalten nicht vor Augen halten, geraten bei Mitläufern daher schnell in die Sackgasse.

Wer die Hierarchie nicht kennt,
hat schlechte Karten

Rolf Kampfhammer ist Geschäftsführer eines mittelständischen IT-Unternehmens. Um ein neues Projekt voranzutreiben, redet er zur Abstimmung mit vielen seiner Mitarbeiter und diese geben ihm unisono ein ermutigendes Feedback: »Tolle Idee!« Rolf fühlt sich bestärkt und arbeitet sein Konzept aus, das er beim nächsten Meeting dem Eigentümer präsentieren will. Drei Tage später ist es so weit. Rolf erläutert im Meeting seine Idee und erwartet natürlich einhellige Zustimmung seitens seiner Mitarbeiter. Doch diese bleiben stumm, wie erstarrt sind sie. Was ist das Problem? Nun, Rolf Kampfhammer hat schlichtweg die falschen Mitarbeiter befragt, denn es sind alles Mitläufer. Mit ihnen kann er keinen Blumentopf gewinnen. Denn sie werden sich hüten, sich für Rolfs Idee aus dem Fenster zu lehnen, ohne vorher ein zustimmendes Nicken des Eigentümers oder der grauen Eminenz im Unternehmen gesehen zu haben. Erst wenn die Entscheider Wohlwollen signalisieren, bekommt Rolf vom Rest der Mannschaft Unterstützung für sein IT-Projekt.

Also: Wenn Sie etwas durchsetzen wollen, müssen Sie die Entscheider gewinnen. Zeigt der Daumen der Entscheider nach oben, fallen die Zustimmungsbekundungen der Restmannschaft wie Dominosteine. Signalisieren die Entscheider aber Ablehnung, ist keine Unterstützung zu erwarten. Mit einer Diamantenanalyse können Sie solche Verstrickungen antizipieren und brauchen daher nicht enttäuscht sein, denn Sie haben es ja nicht anders erwartet. Im Gegenteil: Die Ablehnung der Mitläufer ist für Sie nur eine Bestätigung Ihrer erstklassigen Analysefähigkeit. Treten Sie nun wegen der ablehnenden Haltung der Entscheider Ihre tolle neue Idee in die Tonne? Natürlich nicht! Sie kommt auf Wiedervorlage in Ihre Schublade. Ein Jahr später können Sie sie – leicht modifiziert und unter neuem

Titel – erneut anpreisen. Der Mainstream hat sich bis dahin vielleicht gewandelt, die Leitung findet Ihre Idee plötzlich klasse, die Mitläufer ziehen dann natürlich auch mit und Sie sind von der Sonne geküsst. Hermann Scherer würde Sie ein echtes Glückskind nennen, weil Sie sich durch Ihre Wiedervorlage Ihr Glück erarbeitet haben.[78]

Neben den Mitläufern ist die Rolle der **Isolierten** zu beachten. Isolierte sind Mitarbeiter, die eines auszeichnet: Sie werden nicht ernst genommen. Sie haben ihren Zenit nie erreicht oder schon überschritten. Man legt auf ihre Meinung wenig wert, geht aber meist halbwegs höflich mit ihnen um und ignoriert ihre Statements dezent. Vielleicht sind Sie sogar selbst ein Isolierter? Ein Indiz dafür ist, dass man Sie regelmäßig während Ihrer Wortmeldung im Meeting einfach unterbricht, als wären Sie gar nicht da: »Mein Gott, es ist ja schon Viertel nach elf. Wollen wir nicht eine kleine Pause machen?« Daraufhin stehen alle auf und verlassen den Raum, obwohl Sie Ihren Beitrag noch gar nicht beendet haben. Selbstredend wird Ihnen nach der Pause nicht wieder das Wort erteilt. Sie sehen: Als Isolierter haben Sie de facto nichts mehr zu sagen. In Banken nennt man diese Leute auf Führungsebene »Frühstücksdirektoren«: Aufgaben, die an sie delegiert werden, gelten als unwichtig. Sie sind Ausdruck einer Beschäftigungstherapie, weil es vertraglich nicht möglich ist, sie freizusetzen. Isolierte erkennt man auch daran, dass die Entscheidungen bereits gefallen sind, bevor sie die gewünschte Zuarbeit geliefert haben: »Bringen Sie das bitte trotzdem zu Ende – wir brauchen das später noch«, werden sie dann vertröstet. Eine **Höflichkeitslüge**, denn man mag Isolierten ihre Bedeutungslosigkeit nicht direkt spiegeln.

David Maisch arbeitet im Personalservice eines Metallunternehmens und berichtet vom **Ruhigstellen durch Überflüssigkeit** bei Mitarbeitern, die dazu neigen, zu nerven: Wohlklingende, dem Isolierten entgegenkommende, aber überflüssige Tätigkeiten werden ihm übertragen. So arbeitet er fleißig vor sich hin, stört nicht die wirklich wichtigen Arbeitsgruppenprozesse und ist sogar noch stolz auf sich. Maisch nennt das »einen Beitrag zum Betriebsfrieden«. Vom »Produzieren eines Isolierten« berichtet Monique Dubs aus einem Modeunternehmen in Dresden: »Auf der Betriebsfeier haben wir Frauen den Neuen abgefüllt, bis er sich im Beisein der Leitung um Kopf und Kragen geredet hat. Da halfen dann auch seine Intelligenz und sein gutes Aussehen nichts mehr. Der war versenkt und führte danach ein stiefmütterliches Dasein und wir waren ganz unschuldig.« Vorsicht ist also geboten, gerade da, wo es vermeintlich locker zugeht! Irene Marquardt kennt diese Rollenzuschreibung: »Mein Chef gibt mir administrative, ungeplante Aufgaben, für die ich nicht zuständig bin und die ich wegen meiner Delegationsunfähigkeit dann auch noch selbst erledige. Und dann werde ich auch noch kritisiert, weil ein Detail nicht hundertprozentig stimmt.« Wer in die Isoliertenfalle gerät, hat also nichts zu lachen. Entsprechend macht es Sinn, Außenseiter- und Exotenrollen zu vermeiden und sich halbwegs im Mainstream der Firma zu bewegen. Mancher Arbeitnehmer lässt sich aber auch zum Isoliertenstatus verführen.

Die sechste Rolle nennt sich **Dyade**. Das sind zwei Kollegen, die sich einfach sympathisch sind und sich gegenseitig unterstützen, unabhängig davon, ob sie viel oder wenig im Betrieb zu sagen haben. Im Meeting loben sie sich: »Ich habe selten so eine punktgenaue Präsentation gesehen wie deine.« Und der andere erwidert: »Dank deiner Unterstützung!« Die Dyade stört es dabei nicht, dass der Rest des Teams von der Vorstellung viel weniger erbaut ist. So etwas blenden die beiden komplett aus. Überspitzt formuliert: Keiner glaubt an sie, aber sie glauben unerschütterlich an sich selbst. Das ist emotional hilfreich, menschlich schön, aber real haben die beiden natürlich eher wenig zu melden. Dafür ignorieren sie die Haltungen und Meinungen der anderen Kollegen einfach zu sehr. Zumindest in der Autobranche scheint dieser Mitarbeitertyp bekannt zu sein: Vor Jahren durfte ich den Meistern eines großen Autoherstellers die Dyade in einer norddeutschen Werkshalle erläutern. Sie wollten den Diamanten kennenlernen, um ihre Teams besser lesen und konstruktiv mit ihnen arbeiten zu können. Gegen Ende der Veranstaltung meldete sich ein hemdsärmeliger Meister mit einer verblüffenden Erkenntnis: »Habe ich das richtig verstanden, Professor? Dyade, das sind zwei, die sich gegenseitig die Eier schaukeln?« Es folgte das Gelächter der anwesenden männlichen Metaller und mein Hinweis: »Ja, das hätte man kaum besser formulieren können …«

Isoliert wider Willen

Silvia Henkel, in der Lebensmittelbranche tätig, hat sich von den Kollegen beschwatzen lassen. Honig haben sie ihr ums Maul geschmiert, ihr Sprachgewandtheit und Mut attestiert und sie so dazu überredet, in Dienstbesprechungen massiv den Vorschlägen der Geschäftsleitung zu widersprechen: »Du kannst das, im Namen der Kollegen! Wir stehen hinter dir.« Im Meeting verhielten sich die Kollegen allerdings bei Silvias kritischen Ausführungen sehr zurückhaltend, weil sie erst einmal das Echo der Leitung abwarten wollten. Das fiel recht heftig aus. Statt Silvia Henkel nun zur Seite zu springen, ließen sie sie im Regen stehen. Silvias Ruf war damit angeschlagen. Sie galt als eine, die immer gegen alles Innovative ist. Die Chefs gaben ihr sogar einen Spitznamen. Sie nannten sie die »authentische Suizidale«, weil sie sich mit ihren Beiträgen bereits um Kopf und Kragen geredet hat. Ist das fair? Nein. Hat sie das verdient? Nein. Trotzdem wird sie zur Isolierten.

Schlimm trifft es auch die **Laufjungen oder Laufmädchen**. Das sind statusniedrige Kollegen, die für ihre Hilfsbereitschaft nicht gelobt, sondern als »Service-Tussis« diskreditiert werden.

Laufjungen oder -mädchen organisieren freiwillig den Betriebsausflug, verteilen Süßes und andere Nettigkeiten oder sorgen für Selbstgebackenes in der Vorweihnachtszeit und tappen mit diesen kollegialen Freundlichkeiten in wettbewerbsorientierten Teams in eine böse Falle: Sie werden zu Schäfchen. Verstehen Sie mich nicht falsch: Natürlich dürfen Sie sich um leckere Plätzchen für die Kollegen in der Vorweihnachtszeit kümmern. Aber um nicht zum Laufmädchen degradiert zu werden, delegieren Sie diesen Wunsch an einen Kollegen Ihrer Wahl: »Bitte kümmere du dich doch einmal um Selbstgebackenes. Ich hätte gerne etwas mit Marzipan!« Nettigkeiten können natürlich kollegial und gut für die Atmosphäre im Team sein. Wer aber ständig zu nett ist, gerät zu einer Person, »die es nötig hat«, so der boshafte Kommentar, der den Hilfsbereiten hinter dem Rücken entgegenschlagen kann. Man unterstellt ihnen also, dass sie sich ihre Beliebtheit mit Backwaren erkaufen wollen. Merke: Hilfsbereitschaft ist gut, aber nur in dosierten Intervallen, nicht als Dauerbrenner. Ein Klima der Hilfsbereitschaft sollte auf den Schultern aller Teammitglieder liegen.

Als Letztes hat Polskys Diamantenanalyse die **Sündenbock**-rolle zu vergeben. Das ist eine perfide Rolle, die dem **Mobbing** nahekommt. Oder auch dem **Bossing**, der Führungskräftevariante von Mobbing. Chefs, die ihr Personal drangsalieren, arbeiten nach dem kritikwürdigen psychologischen Prinzip der Selbsterhöhung durch die Erniedrigung ihrer Mitarbeiter. Ihr Verhalten ist destruktiv, die Folgen sind desaströs: Sie »intrigieren, schikanieren, das ist die böse Fratze des Mobbing. Bossing heißt eine besonders belastende Variante dieses psychischen Drucks am Arbeitsplatz. Dann nämlich ist es der Chef persönlich, der den Mitarbeiter schlecht behandelt«, schreibt Ursula Kals, Journalistin der *Frankfurter Allgemeinen Zeitung*.[79] Phillip Ferenczik ist so ein Opfer: »Ich wurde schon nach Strich und Faden manipuliert und habe es erst bemerkt, als es zu spät war. Für das, was ich erlebt habe, gibt's nur ein

Wort: Ich wurde gemobbt. Diffamierungen im Beisein der Kollegen, die man nicht erwartet, haben mich sprachlos gemacht und dazu geführt, dass ich auch noch ungeschickt und zickig reagiert habe, sodass ich mich später noch entschuldigen musste. Ich galt als faul und illoyal.« Wer hier gegenlenken will, braucht starke Nerven und noch stärkere Verbündete. Das schreit geradezu nach solidem Beziehungsmanagement. Dazu mehr im nächsten Kapitel.

Ausgetrickst!

Heidrun Sessar ist Abteilungsleiterin im Agrarbereich und sitzt mit Ralf Schürmann und ihrer ganzen mittleren Führungsriege beim Mittagstisch zusammen. Beim Dessert wirft sie ein: »Schaut mal da rüber, da sitzen drei Kollegen, die uns seit Wochen ein bisschen von der Fahne gehen. Die ziehen nicht mehr richtig mit. Von denen bin ich schon ein bisschen enttäuscht. Die sollten wir wieder ins Boot holen.« Nach dem Essen bittet sie Ralf Schürmann unter vier Augen, das zu übernehmen: »Mit Ihrer gewinnenden Art werden Sie das hinbekommen. Sie haben das einfach drauf.« Schürmann übernimmt.

Schon am nächsten Tag sitzt er mit den drei Abtrünnigen beim Mittagessen zusammen, um seinen Integrationsjob zu beginnen. Heidrun Sessar sitzt natürlich wieder am Leitungstisch und sagt ihrem Führungsstab: »Schaut mal da, der Schürmann, jetzt sitzt der auch bei denen. Unfassbar!« Die Kollegen stimmen ihr zu. Schürmann ahnt von dieser Zuschreibung nichts, tut sein Bestes und steht am Ende doch als Verlierertyp da. Also Vorsicht!

Sündenböcke sind gruppenpsychologisch für ein Team – und das ist zynisch – wunderbar entlastend, denn die **Schuldfrage** ist mit ihrer Anwesenheit geklärt: Läuft etwas schief, dann war der Sündenbock schuld oder zumindest beteiligt.

War er an der Fehlentwicklung nicht beteiligt, hat er Schuld, weil er sich nicht ausreichend darum gekümmert und gegengesteuert hat. Hat er sich darum gekümmert, ist er verantwortlich für die Misere, weil er sich eben falsch gekümmert hat. Der Sündenbock kann es drehen und wenden, wie er will, er kommt aus der Nummer nicht raus. Alles wird ihm angelastet. Das Perverse ist: Teams neigen dazu, der Sündenbockstigmatisierung zuzustimmen und die Rolle damit noch zu festigen. Sie tun dies aus der bewussten oder auch unbewussten Angst, selbst zum Sündenbock zu werden. Die Stigmatisierung des anderen wird so zum Selbstschutz.

Natürlich können Sie versuchen, einem Sündenbockopfer zu helfen, allerdings ist dabei Ihr Netzwerk von entscheidender Bedeutung. Ohne Verbündete können Sie einen Rettungsversuch vergessen. Mit stabilem Netzwerk im Rücken sieht das anders aus. Dann signalisieren Sie dem Angreifer, dass der Sündenbock nicht mehr alleine auf weiter Flur steht und zum Abschuss frei ist. Ein Schuss gegen den Bug des Mobbingopfers – und damit auch gegen Ihren – und der Angreifer hat gleich die ganze Flotte Ihrer Mitstreiter am Hals. Das hat Drohpotenzial! Ihr Netzwerk garantiert damit auch Ihnen den Schutz vor dem Sündenbock- oder Isoliertenstatus: »Du, ich bin als Sündenbock in dieser Frage völlig ungeeignet und unser Chef und der Personalrat, mit denen ich deinen Kommunikationsstil schon besprochen habe, sehen das übrigens ebenso.« Das kann eine Formulierung sein, die potenzielle Miesmacher in Atem hält oder sogar schachmatt setzt.

Sie sehen also: Mikrosoziologische Analysen sind spannend und sinnvoll. Ich persönlich führe die Diamantenanalyse mindestens zweimal pro Jahr durch, um an meinem Arbeitsplatz auf dem Laufenden zu bleiben. So kann ich gut einschätzen, wer mich mit hoher Wahrscheinlichkeit zukünftig für die eine oder andere Handlung kritisieren wird. Die Berufswelt wird auf diese Art und Weise in ihren schönen und unschönen Seiten transparent und berechenbar. Das entspannt mich und schützt vor Enttäuschungen, wenn es tatsächlich zu Gemeinheiten kommen sollte, denn die bestätigen nur die Richtigkeit meiner Analyse. Vor allem bin ich aber in meinem Berufsleben erfreut, zu sehen, mit wie vielen Menschen man vertrauensvoll und freundschaftlich zusammenarbeiten kann. Diese kollegiale Erfahrung ist schön und ich wünsche sie auch Ihnen von Herzen!

So, jetzt werfen Sie bitte einmal einen Blick auf Ihre Liste. Haben Sie allen Kollegen die passenden Rollen zuschreiben können und die Zeichen für positiv, negativ und neutral ergänzt? Wenn Sie sich nicht sicher sind, fragen Sie Ihre Vertrauten so lange, bis Sie ein vollständiges Bild haben. Was nun? Ganz einfach: Den Kollegen mit Pluszeichen erzählen Sie von Ihren Vorhaben und Sorgen und bitten sie um Unterstützung. Zur Pflege dieser Positiv-Kollegen gehört aber auch, sie zu unterstützen. Zum Beispiel indem Sie aus einem Laufjungen einen statushöheren Mitläufer machen, der Ihnen gegenüber positiv gestimmt ist. Das erreichen Sie, indem Sie die guten Eigenschaften dieses Kollegen in Ihrem Umfeld und in Ihrem Netzwerk streuen. Es gilt: Je höher der Status Ihrer Positiv-Kollegen, desto leichter Ihr Berufsleben! Die Kollegen, die Ihnen neutral gegenüberstehen, versuchen Sie, durch Komplimente, wohlwollende Kommentare und berufliche Hilfen auf Ihre Seite zu ziehen. Bei den Kollegen mit einem Minuszeichen bleiben Sie immer misstrauisch und geben sich keine Blöße. Behalten Sie in Erinnerung, dass manche dieser Pappenheimer mit unendlicher Geduld auf eine Gelegenheit warten, Sie ins offene Messer laufen lassen. Auch wenn es mehrere Jahre dauert. Und vor allem: Vertrauen Sie Ihrer Analyse!

Noch ein Tipp am Rande: Sollten Sie feststellen, dass bei Ihrer Diamantenanalyse sowohl der Anführer als auch die graue Eminenz ein Minuszeichen bekommen – vergessen Sie's. Bei dieser Konstellation haben Sie kaum Chancen, gefördert oder unterstützt zu werden. Ihnen bleiben jetzt drei Optionen:

- Sie verrichten stur Dienst nach Vorschrift, weil Sie sich mit der Situation arrangieren und Ihre Kraft der Familie, der Förderung Ihrer Kinder und Ihren Hobbys widmen. Ziehen Sie daraus Ihre Befriedigung. Ich persönlich würde diese Option empfehlen, denn wir wissen alle: Auch Chefs wechseln. Das kann man manchmal durchaus aussitzen. Der eine Chef lehnt Sie ab und verweigert jede Förderung, drei Jahre später kommt der nächste und sofort werden alle von der Abschussliste zu Kronprinzen. Ich selbst habe das in meinem Berufsleben erfahren und im Nachhinein auch genießen können: In meinen Anfängerjahren in der Justiz sagte mir mein damaliger Chef, dass er mich nicht weiter fördern werde und ich gehen könne, wenn mein Zeitvertrag ausgelaufen sei. Es war offensichtlich: Wir harmonierten nicht. Einige Monate nach diesem ernüchternden Gespräch geriet er in eine Wettbewerbssituation mit seinem Vorgesetzten. Er wurde versetzt und alle von ihm Geschassten wurden plötzlich zu Geförderten. Ich auch – das war einfach nur schön! Die Welt dreht sich und sie dreht sich heute meist schneller als im Dreijahresrhythmus.
- Sie suchen sich mittelfristig eine neue Stelle. Sollte Ihnen ein akzeptables Angebot vorliegen, verraten Sie das niemandem im Unternehmen, bis Ihr neuer Vertrag in trockenen Tüchern ist. Sonst würden Sie nämlich in eine noch isoliertere Position katapultiert werden. Und das sollten Sie sich nicht antun!
- Sie reagieren strategisch und versuchen, den Berater oder Vertrauten des Anführers und der grauen Eminenz zu finden und für sich zu gewinnen. Diese Person soll der Hausspitze stecken, dass Sie bisher schlicht falsch und unter Wert eingeschätzt worden sind. Das ist die positivste, aber auch die interaktionistisch schwierigste Variante, bei der gilt: Scheitern ist erlaubt, Nicht-Probieren ist verboten!

Auch bei diesen drei Optionen gilt: Alleine umsetzen macht wenig Freude. Im Netzwerk abgestimmt fühlt man sich dagegen selbst in schweren Zeiten getragen. Deshalb ist es von immenser Bedeutung im Berufsleben, dass Sie vom Einzelspieler zum Beziehungsmanager mutieren. Packen Sie es an!

Was Sie sich unbedingt merken sollten: Behalten Sie den Durchblick – und Ihre Feinde im Auge!

- **Wappnen Sie sich!** Nutzen Sie das Streetgang-Wissen der Diamantenanalyse, damit Sie zukünftig nicht mehr ins offene Messer laufen und anstrengende, illoyale Kollegen auf Distanz halten.
- **Freund oder Feind?** Die Positiv-negativ-neutral-Analyse zeigt Ihnen, wer Ihnen freundlich gesinnt ist und bei wem Sie auf der Hut sein sollten.
- **Analysieren Sie auch sich selbst!** Sie selbst müssen nicht durchsetzungsstark sein, solange Sie einen kollegialen Leutnant haben, der Ihnen in bissigen Situationen zuverlässig zur Seite steht. Hüten Sie sich vor der Sündenbockrolle und dem Isoliertenstatus – in beiden Fällen hilft ein solides Netzwerk.
- **Dosieren Sie Hilfsbereitschaft und Freundlichkeit gezielt!** Hilfsbereitschaft ist gut, aber nicht als Dauerbrenner. Übertreiben Sie es nicht, sonst denkt man, Sie haben es nötig oder wollen sich einschleimen.

Was Sie jetzt zu tun haben: Analyse hoch drei

- **Aufgabe 1:** Führen Sie die Diamantenanalyse durch. Teilen Sie Ihre Kollegen in graue Eminenz, Anführer, Leutnant, Mitläufer, Dyade, Isolierte, Laufjunge und Sündenbock ein. Bitte bedenken Sie, dass nicht immer alle Rollen besetzt sind. Häufig finden Sie auch Kollegen, die in zwei Rollen passen, also zum Beispiel zu 70 Prozent Leutnant sind, aber auch zu 30 Prozent isoliert.
- **Aufgabe 2:** Analysieren Sie Ihre eigene Rolle – nicht, wie Sie sie sich wünschen, sondern wie sie heute real ist.
- **Aufgabe 3:** Führen Sie die Positiv-negativ-neutral-Analyse durch. Wer in Ihrem Diamanten Ihnen gegenüber positiv eingestellt ist, bekommt hinter seinem Namen ein Pluszeichen. Die Negativen bekommen ein Minuszeichen und die Neutralen einen Kreis. Zur Erinnerung: Positiv sind die, die Ihnen Ihre Fehler nachsehen. Negativ sind die, die Sie kritisieren, selbst wenn Sie Gutes tun. Neutral sind die Kollegen, die vordergründig nett wirken, aber Sie im Regen stehen lassen, wenn es hart auf hart kommt.

KAPITEL 8

DRUM PRÜFE, WER SICH EWIG BINDET: VOM EINZELSPIELER ZUM BEZIEHUNGSMANAGER

Über Hierarchie-Ignoranten, Utilitarismus und den Preis des Dazugehörens

Quid pro quo – Beziehungsmanagement erleichtert das Leben

Beziehungsmanagement wird von Sabine Dollard, Mitarbeiterin in einer Gesundheitspraxis, sehr geschätzt. Beziehungsmanagement heißt, sie weiß von den Wünschen und Interessen ihres Gegenübers, geht auf diese ein und stellt so Nähe, Gesprächs- und Kompromissbereitschaft her. Sabine nutzt dieses Wissen aber auch privat, vor allem wenn sie etwas von ihrem Mann will, das dieser kategorisch ablehnt. Dabei geht sie subtil vor. Ein Beispiel: Ihr sind Autos völlig egal. Ihr Mann dagegen liebt sie, hat aber nicht das nötige Kleingeld für die wirklich schicken, teuren Boliden. Sie macht sich seine Leidenschaft zunutze und mietet ihm den neuen Porsche Boxter 981 für ein Wochenende. Natürlich ist er hin und weg, genießt die rasante Fahrt und liegt seiner tollen Frau die nächsten Wochen zu Füßen – in denen sie ihm noch einmal klarmacht, was sie will. Wie könnte er ihr jetzt diesen Wunsch abschlagen? Sabine hat gewonnen!

Wie sinnvoll Beziehungsmanagement im Privaten ist, ist sicher jedem klar. Doch auch im beruflichen Umfeld müssen Sie Ihre Beziehungen pflegen, denn eines ist sicher: Ihre Intelligenz, Ihr Fleiß, Ihr verbindliches Auftreten – all das kann seine ganze Schönheit nicht entfalten, wenn Sie über kein tragfähiges berufliches Netzwerk verfügen. Ohne Netzwerk verhallen Ihre guten Ideen ungehört und Ihre seriöse Arbeit verpufft. Netzwerke sind in diesem Sinne Lautsprecher und Verstärker zugleich, die Ihre Bedeutung im Unternehmen hinausposaunen: Sie werden gehört. Netzwerke haben Gewicht. Ihr Wort zählt.

Netzwerke sind aber auch ein wichtiger Schutz vor Übervorteilung: Haben Sie schon erleben müssen, dass Kollegen und Vorgesetzte wegen kleinster Verfehlungen beruflich in die Sackgasse geraten sind? Andere wiederum versenken in aller Seelenruhe beachtliche Summen oder erledigen ihre Aufträge weder pünktlich noch korrekt – und es passiert ihnen gar nichts. Warum ist das so? Weil es eine informelle Berufsregel gibt: Abgeschossen werden die Lonely Wolves, also die Einzelkämpfer, während die Vernetzten überleben. Wenn Letztere einen groben Fehler machen, wird man sie nur zurückhaltend kritisieren, weil schließlich jedem bekannt ist, dass sie eng mit der Leitung oder anderen statushohen Personen vernetzt sind oder im Team ein ganz wichtiges Bindeglied darstellen, das die Mannschaft zusammenhält. Das erzieht Nörgler automatisch zur Zurückhaltung. Ihr Netzwerk schützt Sie also effektiv vor dem Absturz. Sarah Zwick, Polizeibeamtin in Rheinland-Pfalz, hat das realisiert: »Bei Männer-Machtspielen habe ich mich früher machtlos gefühlt wie eine tanzende Feder im Wind. Heute ist mein Netzwerk das Handwerkszeug für meinen Umgang im Macho-Umfeld im Polizeidienst.« Denken Sie daran: Auch Chefs beachten Netzwerke und Verflechtungen bei ihren Entscheidungen.

Wie Netzwerke Entscheidungen dirigieren

Während eines Mitarbeitertrainings in München wird ein Chef gefragt, von welchem Mitarbeiter er sich eher trennen würde: von Herrn Bucher oder Frau Gärtner. Sie ist die Leistungsschwächere. »Gärtner«, sagt der Chef im ersten Moment klipp und klar. Dann wird ergänzt, dass Frau Gärtner im selben Tennisclub wie seine Ehefrau sonntags Doppel spielt. Daraufhin der Chef: »Dann doch Herrn Bucher. So gut ist der auch wieder nicht ...«

Warum dieser Sinneswandel? Weil der Chef antizipiert, dass Frau Gärtners Entlassung die Tennistreffs seiner Ehefrau trüben würde und diese vermutlich verärgert wäre, weil die beruflichen Entscheidungen ihres Mannes ihre Freizeit negativ beeinflussen. »Man muss schon berücksichtigen, ob berufliche Entscheidungen das Private berühren«, meint der Chef.

Gut, beim beruflichen Fortkommen kommt es in erster Linie auf Ihre Qualität an, nicht auf Ihre Freizeitgestaltung. Trotzdem: Persönliche Bindungen dürfen nicht ignoriert werden. Es ist auch wichtig, ob die Chemie stimmt, denn Sympathie hilft. Das gilt übrigens auch für die Gewaltkriminalität: Je sympathischer das potenzielle Opfer ist, desto schwerer fällt dem Täter die moralisch verwerfliche Tat. Daher werden dem Opfer Augenkontakt sowie Sympathiebekundungen gegenüber dem Täter empfohlen. In extremen Fällen wie etwa Geiselnahmen kann das bis zum berühmt-berüchtigten **Stockholm-Syndrom** führen, bei dem sich das Geiselopfer sozusagen in den Geiselnehmer »verliebt«. Es ist der letzte psychologische Rettungsanker angesichts der permanenten Todesangst. Umgekehrt muss man gefassten Gewalttätern das Leid ihrer Opfer in die Seele einmassieren, denn auch das hat einen beeindruckenden Effekt. Einer meiner behandelten Gewalttäter kommentierte das so: »Mit diesem Einfühlungsvermögen in die Opfer nehmt ihr mir den Spaß an der Gewalt.« So soll es sein!

In puncto Einfühlungsvermögen muss Manuel Groen, Mitarbeiter der Augsburger Stadtverwaltung, noch jede Menge lernen, denn er zieht seine authentische Meinung dem Beziehungsaufbau vor: »Im Job sage ich manchmal zu brutal und undiplomatisch meine Meinung, komme andere Male aber nicht auf den Punkt. Achtung verschaffe ich mir nicht, wenn ich mich vor anderen Personen in den Staub werfe, sondern wenn ich meine Meinung auch in ungemütlichen Situationen klar vertrete.« Alle Kollegen kennen daher Manuel Groens Meinung. Kein Wunder, er sagt sie ja überdeutlich, manchmal auch ungefragt … Vernetzen möchte sich aber niemand mit ihm, aus Angst, einen authentischen Schlag ins Gesicht zu bekommen. Seine Kollegin Verona Echterling agiert ähnlich: »Ich kann den Mund in Hierarchien nicht halten und werde so als Überbringerin der schlechten Nachrichten geächtet.« Kein Chef und kein erfolgsorientierter Kollege wird sich gerne mit ihr vernetzen, weil sie als **Hierarchie-Ignorantin** ins Fettnäpfchen tritt. Damit keine Missverständnisse aufkommen: Natürlich können und sollen Sie Ihre kritische Meinung, Ihre Bedenken und Zweifel formulieren. Nur eben nicht vor versammelter Mannschaft oder zu unpassenden Zeitpunkten, sondern abgestimmt unter vier Augen, damit die Kritisierten ihr Gesicht und ihre Autorität wahren können. Das gilt auch für die Chefs und Kollegen, die behaupten, dass ihnen dieses behutsame Vorgehen nicht wichtig sei: »Sprechen Sie ruhig immer alles offen und klar an.« Das ist eine Aufforderung, der Sie auf keinen Fall folgen sollten!

Warum haben viele Arbeitnehmer immer noch ein distanziertes Verhältnis zu Netzwerken? Erstens, weil sie zu viel Arbeit auf dem Schreibtisch liegen haben und sie die Kontaktpflege für einen überflüssigen Zeitfresser halten. Zweitens, weil ihnen das ganze firmeninterne Vernetzungsgehabe zuwider ist. Das ist im Grunde menschlich sympathisch und spricht für die Seriosität dieser arbeitsorientierten Kollegen. Strategisch ist diese Einstellung aber eine Katastrophe, denn der Einzelgänger hat im Berufsleben ausgedient, er gerät als Erster ins Kreuzfeuer der Kritik, wenn irgendetwas schiefläuft. Er ist der perfekte Sündenbock, weil keiner zu ihm steht. Fällt der Groschen allmählich? Beziehungsmanagement ist erstklassige Prävention, eine Schutzmaßnahme für Ihr berufliches Fortkommen. Und es hat einen weiteren Vorteil: Es spart Zeit. Denn so können Sie sich auf die Menschen in Ihrem beruflichen Umfeld konzentrieren, die Ihnen mit großer Wahrscheinlichkeit in Notsituationen im Job zur Seite stehen werden. Und es legitimiert Sie, nur sehr zurückhaltende bis gar keine Beziehung mit den Kollegen zu führen, die zwar sympathisch, aber wenig hilfreich sind.

Private Sympathie und berufliches Handeln gilt es beim Netzwerken zu trennen. Privat gehen Sie nach Ihrer Sympathie, im Beruf konzentrieren Sie sich auf die Personen, die Ihre Rahmenbedingungen verbessern können. Die Wissenschaft spricht vom **utilitaristischen Verhalten**, das sich am Begriff des individuellen und Unternehmenswohls orientiert.[80] Dieses Nützlichkeitsdenken hilft besonders den Berufstätigen mit Familie. Hier verlangt das Zeitmanagement eine berufliche Prioritätensetzung: Das informelle Beisammensein mit netten Kollegen, die letztendlich unwichtig für Entscheidungsprozesse sind, muss im Zweifelsfall in den Hintergrund treten. Sonst lassen sich Arbeits- und Berufsleben auf Dauer nicht vereinbaren. Sie müssen sich auf Ihre wichtigsten Kontakt- und Bezugspersonen konzentrieren.

Die notwendige Trennung von Beruflichem und Privatem hat aber noch einen weiteren Grund: Alles, was Sie heute privat einem Kollegen ungeschminkt erzählen – vielleicht nach einem etwas zu tiefen Blick ins Weinglas –, kann in einer Wettbewerbssituation auch Jahre später gegen Sie verwendet werden. Dieser Kollege mag diese Indiskretion beim heutigen Weintrinken mit Ihnen gar nicht im Sinn haben. Rutscht er aber in ein paar Jahren in eine berufliche Notsituation, bei der ihm »der Arsch auf Grundeis geht« und ihm jedes Mittel zu seiner Rettung recht ist, dann wird er sich auch gegen Sie wenden, sollten Sie ihm im Weg stehen. Führen Sie daher Ihr berufliches Umfeld lieber nicht durch Indiskretionen in Versuchung.

Achtung, Bumerang!

Sylvia Gerds arbeitet in der Automobilbranche. Ihr sind einige bissige und keineswegs für die Öffentlichkeit bestimmte Bemerkungen über Mitarbeiter ordentlich um die Ohren geflogen – ausgerechnet im Bewerbungsgespräch. Ihr Konkurrent, ein einst geschätzter Kollege, versuchte, Sylvia durch die Preisgabe ihrer Indiskretionen in dem Bewerbungsverfahren in ein schlechtes Licht zu rücken. Ihre bissigen Worte, die bei einem privaten Treffen mit dem besagten Kollegen unter vier Augen gefallen sind, kann Sylvia Gerds im Bewerbungsgespräch nicht leugnen. Dafür hat sie viel zu detailliert gelästert.

Doch Sylvia hat Glück im Unglück: Einige Mitglieder der Bewerbungskommission zählen zu ihrem Netzwerk, daher hat sie einen Vertrauensvorschuss. Man hält es daher für glaubwürdig, dass sie sich für ihre damaligen Kommentare heute schämt, und auch die private, vertrauliche Atmosphäre des Vieraugengesprächs bei einer Flasche Bordeaux wird ihr nachgesehen. Schwein gehabt, die Sache hätte ihr beruflich durchaus das Genick brechen können.

Lassen Sie uns jetzt Ihr Beziehungsmanagement aufbauen! Dazu brauchen Sie Zettel und Stift, denn ich werde Ihnen einige Fragen stellen, welche die Unternehmensberaterin Hedwig Kellner als zentral definiert hat.[81] Es wird um bestimmte Personen gehen. Sie notieren sich, wer diese Personen in Ihrem beruflichen Umfeld sind. Wenn Sie solche Personen nicht kennen, fragen Sie sich bitte, wie Sie sie kennenlernen können, denn diese Leute brauchen Sie, um ein stabiles Netzwerk für unsichere Zeiten zu knüpfen. Dabei gilt eine zentrale Regel: Das Netz ist in Zeiten zu knüpfen, in denen man es nicht braucht. Sind Sie in Not und beginnen erst dann damit, werden Sie als Blutsauger empfunden, der nur angekrochen kommt, weil er Sorgen hat.

Frage 1: Wer in Ihrem Unternehmen hat Zugang zu wichtigen Informationsquellen?

Das können Vorgesetzte sein oder Kolleginnen, die gut vernetzt sind, aber auch der Facility-Manager oder die Chefassistenz. Wer hat Zugang zu wichtigen Infoquellen und leitet Ihnen diese Informationen frühzeitig zu, sodass Sie zukünftig die Flöhe husten hören? Wichtige Informationen können die Neuausrichtung Ihres Unternehmens betreffen, einen Leitungswechsel oder die Vorlieben beziehungsweise Aversionen Ihrer Gesprächspartner. Kennt man Letztere, läuft die Kommunikation wie geschmiert, weil Sie so Rücksicht auf die Vorlieben der anderen nehmen können, nicht ins Fettnäpfchen treten und damit die Arbeitsatmosphäre maßgeblich verbessern.

Frage 2: Mit wem sollten Sie zusammen aufsteigen?

Mit wem haben Sie in Ihrer Firma begonnen und wo stehen Sie und diese Personen jetzt? Wenn Sie alle ungefähr gleich aufgestellt sind, ist alles im grünen Bereich. Sollten die identifizierten Personen heute alle unter Ihnen stehen, haben Sie Ihren Aufstieg auf der Karriereleiter ziemlich gut hinbekommen. Glückwunsch! Wenn alle diese Personen heute über Ihnen stehen, müssen Sie sich ernsthaft fragen, ob Sie vielleicht zur Gattung des Schäfchen-Typs zählen. Dann passt Ihr Aggro-Faktor noch nicht. Arbeiten Sie daran!

Frage 3: Mit welchen Personen sollten Sie zusammenarbeiten, weil sie statushoch und einflussreich sind?

Wenn Sie diese Personen identifiziert haben, stellen sich folgende Anschlussfragen: Haben Sie mit diesen Personen Verbindung? Treffen Sie sich auf Meetings und pflegen formalen und informellen Kontakt? Gewinnen Sie die Statushohen für sich und Ihre Ideen, denn Sie brauchen sie, wenn Sie etwas bewegen wollen. Und sie werden ihre schützende Hand über Sie halten, wenn sie Sie kennen und schätzen.

Sie haben keine entsprechenden Kontakte? Warum nicht? Warum sind Sie ausgerechnet in den bedeutungslosen Meetings und Arbeitsgruppen aktiv, die eher als Arbeitsbeschaffungsmaßnahmen und nicht als Orte des Handelns gesehen werden? Gehen Sie bei diesen Fragen kritisch mit sich ins Gericht. Womöglich lassen Sie sich zu leicht in diese bedeutungslosen Gruppen abschieben. Oder man schiebt Sie dahin ab, um Sie bewusst klein zu halten. Es gibt durchaus Teams und Arbeitsgruppen, die von Beginn an absichtlich derart kontrovers besetzt werden, dass man bereits vor dem ersten Treffen mit Gewissheit sagen kann: Das wird nichts. Nie und nimmer. Diese Erfolglosigkeit kann durchaus gewollt sein, um Sie und die anderen Teilnehmer zu schwächen. Das Feedback lautet dann: »Ihre Projektgruppe war mal wieder nicht das Gelbe vom Ei.«

Wenn Sie in ein solches Team geraten, gibt es nur eine Möglichkeit: Bitten Sie Ihren Vorgesetzten um ein Vieraugengespräch. Machen Sie dabei klar, dass die Zusammensetzung der Gruppe Sie zur Erfolglosigkeit verdammt, Sie das durchschauen und aus diesem Grund dort ungern einsteigen möchten. Das kann mehrere Reaktionen zur Folge haben: Der Chef schickt Sie trotzdem in das Team. Dann wissen Sie zumindest, woran Sie bei ihm sind, und brauchen sich über Aufstiegschancen keine Illusionen mehr zu machen. Oder Ihr Chef ändert die

Gruppenzusammensetzung aufgrund Ihres Feedbacks. Oder er gratuliert Ihnen zu Ihrem Durchblick, nimmt Sie aus dem Team, lässt den Rest der Gruppe aber bestehen. Sie haben es wohl aus seiner Sicht nicht (mehr) verdient, dorthin abgeschoben zu werden. Wie auch immer die Reaktion ausfällt: Trauen Sie sich immer, aktiv zu werden. Es gibt stets einen Erkenntnisgewinn – und manchmal lohnt sich Ihr Mut sogar immens!

Frage 4: Wer kann Sie in wichtige Kreise einführen?

Notieren Sie bitte jetzt deren Namen und prüfen, ob Sie zu diesen Personen bereits ausbaufähigen Kontakt haben. Nein? Warum nicht? Weil Ihnen berufliches Weiterkommen unwichtig ist? Weil es Ihnen zu anstrengend erscheint, sich um diese Personen zu bemühen? Weil sie Ihnen menschlich nicht sonderlich sympathisch erscheinen? Weil Sie die mögliche Ablehnung scheuen? Alles Blödsinn. Kommen Sie endlich aus dem Quark! Ohne diese Kontakte bleiben Sie ein Einzelkämpfer und laufen Gefahr, bei Konflikten oder Fehlern im Regen zu stehen. Wollen Sie das?

Frage 5: In wessen Nähe sollten Sie gesehen werden?

Diese Personen verschaffen Ihnen Anerkennung und geben Ihren Worten mehr Gewicht, denn ihre Ausstrahlung der Macht färbt auf Sie ab und stellt Sie in ein gutes Licht, sagt der symbolische Interaktionismus. Machen Sie Ihre Nähe zu einflussreichen Zeitgenossen dezent transparent, Bilder sagen nicht umsonst mehr als tausend Worte. Das klappt übrigens auch im kriminologischen Bereich: In meinem Fakultätsbüro hängen zwei Fotos im Posterformat, auf denen ich mit Gang-Schlägern aus New York zu sehen bin. Unter diesen Fotos steht keine Erklärung à la »New Yorker Gang-Schläger und Jens Weidner (li.)«. Nein, man erkennt schon auf einen Blick, was Sache ist. Beim Betrachten der Fotografien riecht man förmlich die kriminelle Energie und die Aggression und man fragt sich im ersten Moment, wie die halbe Portion da eigentlich an diese harten Jungs herankommen konnte und die Begegnung offensichtlich ohne Blessuren überlebt hat. Das macht neugierig. Darf man von einem Foto mehr erwarten?

So, mit den wichtigen Personen sind wir durch. Jetzt gibt es noch drei weitere strukturelle Fragen zu klären, die Ihr Beziehungsmanagement beleuchten. **Frage 1:** Welche Meetings sind in Ihrem Unternehmen, Ihrer Behörde oder Sozialeinrichtung wichtig und meinungsbildend? Nehmen Sie daran teil? Wenn ja, dann ist alles in Butter. Wenn nicht: Wie kommen Sie hinein? Planen Sie, fragen Sie, wen Sie ansprechen könnten, um hier Interesse zu signalisieren. **Frage 2:** Welche Meetings sind wichtig in Ihrer Branche? Besuchen Sie regelmäßig solche Branchentreffs – und wenn nicht, wie kommen Sie hinein? Überlegen Sie, wer Sie mitnehmen und in diese Kreise einführen könnte. Frage 1 und 2 (und deren Beantwortung) haben ab sofort einen festen Platz auf Ihrer diesjährigen To-do-Liste! **Frage 3:** Welche gesellschaftlichen Kontakte oder Netzwerke sind in Ihrem beruflichen Kontext hilfreich? Denken Sie an eine Mitgliedschaft in einer der branchenspezifischen Vereinigungen oder wie Sie Zugang zu einem wichtigen firmeninternen Netzwerk erhalten, das sich als Arbeitskreis tarnt, in dem aber einige wichtige Leute sitzen.

Wenn Sie noch weiter gehen wollen, erweitern Sie Ihr Beziehungsmanagement zum **Efficient Consumer Response** (ECR) und streben Sie die Partnerschaft mit vertrauensvollen Mitbewerbern an. Voraussetzungen dafür sind ein fairer Umgang, eine gerechte Gewinnverteilung, gegenseitiges Engagement, Zuverlässigkeit im Alltag sowie die geschäftliche Attraktivität des Partners. »Dumpfe Machtspiele, die den Partner nur irritieren, sind damit nicht mehr gefragt und auch keineswegs Erfolg versprechend«, so Klein und Lachhammer in ihrer Analyse für den Handel.[82] Dass das Miteinander der ECR-Idee auch misslingen kann, zeigt eine Analogie aus der Tierwelt: Als das Huhn dem Schwein vorschlägt, man könnte doch kooperieren und gemeinsam »ham and eggs« produzieren, ist das Borstenvieh zunächst begeistert. Dann wird es nachdenklich: »Wenn du die Eier lieferst und ich den Schinken, geht das aber nicht gut für mich aus!« »Nun ja«, erwidert das Huhn ungerührt, »so läuft das eben bei Fusionen.«

Sie haben Blut geleckt? Sie sind im Vernetzungsrausch und wollen Ihr Netzwerk perfektionieren, wissen aber nicht genau, wie Sie das am besten anstellen sollen? Dann empfehle ich Ihnen *Wie man Bill Clinton nach Deutschland holt* des Züricher Autors Hermann Scherer. Seine Tipps sind Gold wert und er spricht mir aus der Seele.

Abschießen schwer gemacht

Der Hamburger Marcel Deichmann will aus Wettbewerbsgründen seine Kollegin Hedwig Stöver abschießen. Er konkurriert mit ihr um eine Ausschreibung im Bereich Innenarchitektur. Bevor er sein Vorhaben in die Tat umsetzen kann, sucht ihn Hedwig beim Mittagessen auf. Marcel ist einigermaßen irritiert, sie hier in seinem Stammlokal zu sehen, und noch irritierter ist er, als sie sich kurzerhand zu ihm an den Tisch setzt mit den Worten: »Hallo Herr Deichmann! Sie wissen, dass wir die beiden Letzten sind, die sich noch auf die Ausschreibung bewerben?« »Ja, weiß ich«, antwortet er verdattert. Nach einer kurzen Pause eröffnet ihm Hedwig Stöver zwei relativ einschüchternde Hinweise zu ihrem Netzwerk.

»Wissen Sie eigentlich, dass ich auch bei den Lions bin?«, fragt sie ihn ganz unschuldig und wie nebenbei. Marcel Deichmann kann es nicht fassen. Ausgerechnet im Lions Club wie er auch? Kann sie nicht beim Round Table oder bei Rotary sein? Na toll, damit kann er sich seine Abschusspläne in die Haare schmieren. Wenn er als Hanseatischer Lion eine andere Lions-Freundin abschießt, hat er schließlich nicht nur sie, sondern auch all die ambitionierten Karrierefrauen aus den Hamburger Clubs am Hals, denn der Lions-Kodex verlangt Unterstützung, nicht Karrierebehinderung. Die Vernetzung und die Kommunikation dieser Frauen untereinander kann ihn Kopf und Kragen kosten. Wenn sie verbreiten, dass er wie ein Schwein agiert, kann das leicht dazu führen, dass seine Reputation in der Hansestadt massiv angekratzt wird. Aber Hedwig Stöver ist noch nicht fertig, sie setzt noch einen drauf: »Wissen Sie, ich war ja diese Woche mit unserem Staatsrat aus der Baubehörde beim Essen … Wir haben da auch über Kollegen gesprochen.« »Ach ja? Ist ja interessant …«, stammelt Marcel und fragt sich im selben Moment, warum er eigentlich keinen Zugang zum Staatsrat hat.

Hedwigs Stövers Netzwerkhinweise verfehlen ihre Wirkung nicht. Sie verunsichern Marcel Deichmann und fördern bei ihm ein ungeahntes Ausmaß an Höflichkeit. Im Nachklang des Gesprächs verzichtet er auf weitere Überlegungen, wie er seine Rivalin übervorteilen kann. Stattdessen ruft er sie zwei Wochen später an: »Ich habe über unser spontanes Gespräch beim Essen nachgedacht … Folgender Vorschlag zur Güte: Ich unterstütze Sie mit meiner Mannschaft bei dieser Ausschreibung. Und Sie helfen mir mit Ihrer Mannschaft bei den Geldern im September. Okay? Nicht dass wir am Ende die Situation haben, dass wir zwei uns streiten und es freut sich irgendein Dritter!« Sie antwortet ihm – und das ist charakteristisch für erfolgreiche Frauen: »In dieser zeitlichen Reihenfolge gerne, Marcel.« Und – auch das ist charakteristisch für Netzwerkabsprachen – sie hält sich an ihren Teil der Abmachung. Probieren Sie das Netzwerken aus und genießen Sie den Erfolg. Aber danken Sie nicht mir, sondern der Autorin Hedwig Kellner, die die Grundlagen für diesen Karrierefaktor gelegt hat.

Berufliches Beziehungsmanagement heißt im ersten Schritt, dass Sie Kollegen persönlich und freundlich ansprechen, die Ihnen hilfreich zur Seite stehen könnten. Sie warten nicht, bis jemand auf Sie zukommt, denn das bringt Sie keinen Schritt weiter. Das ist wie bei Samuel Becketts Theaterstück *Warten auf Godot*, der bekanntlich nie kommt. Trauen Sie sich einfach beiläufig, quasi im Türrahmen, Interesse für eine Person zu signalisieren. »Sagen Sie, können Sie mich einmal briefen, wie das hier läuft?« Eine kluge Frage, die Sie zum Einstieg wählen können, denn Ihr Gegenüber dürfte sich als Experte gebauchpinselt fühlen. Wenn Sie dann die Antwort erhalten und sich dazu konzentriert ein paar Notizen machen, wird Ihr Gegenüber denken: »Ups. Da ist aber jemand hellwach. Dem könnte ich ja noch empfehlen, sich mit seinem Anliegen an Doktor Gruber zu wenden.« Und schon sind Sie mittendrin im Netzwerken. Wenn Sie auf eine solche Türrahmen-Aktion die Antwort kriegen: »Tut mir leid, keine Zeit!«, nehmen Sie einfach die nächste Tür. Hier sind wir wieder beim bekannten Schrotgewehr-Prinzip: Einfach breit streuen, irgendjemanden werden Sie schon treffen, dessen Herz durch Ihre ernst gemeinte Briefing-Frage aufgeht.

Zwei Frauen trübten in den Aggro-Interviews meine schöne Welt des Netzwerkens. Caroline Kleiber lebt in Harburg, Madeleine Buffet in Graz. Beide arbeiten in der Gesundheitsbranche, kennen sich aber nicht. Sie monieren aber beide das mangelhafte Netzwerken und die übertriebene Selbstkritik und

Missgunst unter Frauen. Caroline Kleiber beschwert sich: »Frauen finden sich nicht genügend fleißig, hübsch, intelligent, schlagfertig, rhetorisch stark und schlank. Sie klagen, dass sie sich als berufstätige Mütter nur halb so gut im Job und nur halb so gut als Mütter sehen. Diese Selbstkritik führt zu einer Komplexbeladenheit und die wiederum hat häufig zur Konsequenz, dass man es anderen Frauen auch nicht gönnt.« Madeleine Buffet ergänzt: »Warum netzwerken und der anderen einen Vorteil verschaffen? Warum soll es die, der ich helfe, besser haben, als ich es hatte? Neid und Missgunst begegnen mir in dieser Logik immer wieder.« Madeleine Buffet folgt dieser Logik natürlich nicht, beklagt aber, dass sie mit ihrem selbstbewussten Auftreten bei Geschlechtsgenossinnen nicht selten gegen die Wand läuft: »Wenn ich mich durchsetze, selbstbewusst meine Rechte einfordere und auf meine Stärken hinweise, dann bin ich bei vielen Frauen gar nicht beliebt, sondern gelte als selbstgefällig und abgehoben.« Daraus leitet sich für Caroline Kleiber die Frage ab: »Bin ich vielleicht nur beliebt, wenn ich harmlos agiere, mich als seelischer Mülleimer anbiete und verfügbar bin?« Für beide Frauen ist klar: Diesen **Preis des Dazugehörens** wollen sie nicht zahlen. Beide würden sich aber riesig über mehr Frauensolidarität im Berufsleben freuen, eben über Netzwerke, auf die sie sich auch an schlechten Tagen verlassen können.

Ob Sie den Aufbau von Nähe durch »subtile Gemeinsamkeiten« wie die Pflegemanagerin Caroline Halvers auf die Spitze treiben wollen, bleibt Ihnen überlassen: Sie weiß durch ihre Xing-Recherche im Internet, dass ihr ärztlicher Kollege ein Faible für die italienische Oper hat. Daher lässt sie ihren letzten Tosca-Besuch an der Hamburger Staatsoper ins Gespräch einfließen. Er antwortet sehr persönlich: »Die Oper ist der einzige Ort, an dem ich wirklich weinen kann.« Das schafft Vertrauen. Die Chemie stimmt und erste Netzwerkfäden sind geknüpft. Caroline Halvers hat noch etwas anderes verblüfft: Die

Anfälligkeit der männlichen Kollegen für Komplimente. »Männer werden anscheinend so gut wie nie gelobt: Von anderen Männern gar nicht und in ihren privaten Beziehungen in der Regel auch nicht. Da haben die Partnerinnen eher die Haltung: Nicht geschimpft ist gelobt genug. Wenn Sie also als Frau zu einem Mann sagen ›Das ist aber eine schicke Krawatte‹ und Sie setzen das sehr dosiert von Zeit zu Zeit ein, dann wird dieser Kollege vielleicht äußerlich darüber hinwegsehen. Innerlich wird es ihm aber schmeicheln. Er kann danach kaum vermeiden, Sie sympathisch zu finden.«

Mit Sympathie und Charme hat Doris Frey, Mitarbeiterin in der Kölner Modebranche, eine Teenager-Strategie ins Erwachsenenleben transferiert: »Geprägt hat mich meine Jugend, denn da ließ ich mich als Mädchen in der Früh von Jungs als Beschützer von der Disco nach Hause begleiten. Durch dieses ritterliche Verhalten verpassten sie dann regelmäßig den letzten Zug und mussten bis zum 5-Uhr-Zug morgens auf der Bahnhofsbank schlafen – ich hatte aber durch ihr Engagement meinen sicheren Nachhauseweg. Bedankt habe ich mich durch einen verschämten Kuss auf die Wange. Diese Weiße-Ritter-Strategie wende ich auch heute noch im Job an: Ich rufe ›Beschützt mich!‹ – und die Jungs arbeiten sich für mich tot! Ich küsse sie natürlich heute nicht dafür, überschütte sie aber mit guter Laune und Lob.«

Was Sie sich unbedingt merken sollten: Ohne Verbündete sind Sie verloren!

- **Alleingänge sind sinnlos!** Bedenken Sie die informelle Berufsregel: Der Lonely Wolf, also der berufliche Einzelgänger, gerät bei Problemen meist als Erster ins Kreuzfeuer der Kritik. Vernetzte werden behutsamer behandelt: Man will es sich ja nicht gleich mit all ihren Verbündeten verderben.
- **Wer nicht netzwerkt zur rechten Zeit ...** Ihr Netzwerk müssen Sie in Zeiten knüpfen, in denen Sie es nicht brauchen. Beginnen Sie damit erst in einer Notsituation, wird man Sie links liegen lassen.
- **Netzwerk, Netzwerk, Netzwerk!** Identifizieren Sie die Personen, die für Ihr berufliches Fortkommen wichtig sind, und nehmen Sie zu Ihnen Kontakt auf. Besuchen Sie Branchenveranstaltungen, werden Sie Mitglied in branchenüblichen Vereinigungen. Es gibt viele Wege, wie Sie Ihr Netzwerk auf- und ausbauen können.
- **Unterstützersuche nach dem Schrotgewehr-Prinzip:** Je breiter Sie um Support bitten, desto größer die Wahrscheinlichkeit, dass Sie auf potenzielle Helfer stoßen.

Was Sie jetzt zu tun haben: Beziehungen pflegen und Kontakte knüpfen

- **Aufgabe 1:** Beantworten Sie die fünf Fragen zum Beziehungsmanagement: 1. Wer in Ihrem Unternehmen hat Zugang zu den wichtigen Informationsquellen? 2. Mit wem sollten Sie zusammen aufsteigen? 3. Mit welchen Personen sollten Sie zusammenarbeiten, weil sie statushoch und einflussreich sind? 4. Wer kann Sie in wichtige Kreise einführen? 5. In wessen Nähe sollten Sie gesehen werden? So finden Sie heraus, welche Kontakte für Ihr Netzwerk entscheidend sind. Jetzt müssen Sie diese Leute nur noch für sich gewinnen. Ist doch ein Klacks, oder?
- **Aufgabe 2:** Welche Meetings oder informellen Treffen sind in Ihrem beruflichen Umfeld wichtig? Sehen Sie – mithilfe Ihrer Netzwerkpartner – eine Chance für sich, zukünftig daran teilzunehmen? Werden Sie in dieser Frage mit Geduld und langem Atem aktiv!

KAPITEL 9

ES WIRD NUR DER EIN SUPERHELD, DER SICH SELBST FÜR SUPER HÄLT!

Über elitäre Narzissten, die Checkliste des Lobes und das Spiel gegen den Kadaver

Kleine Boshaftigkeiten versüßen den Alltag

Miriam Boese ist Sachbearbeiterin in einer Handelskette. Sie findet sich super, sie hat Selbstbewusstsein und das macht sie schlagfertig, gerade auch in Alltagssituationen. So hat sie beim privaten Lebensmitteleinkauf meist keine Lust, ihren Einkaufswagen auf dem Parkdeck zurück in die vorgesehene Reihe zu schieben. Auch heute lässt sie den Einkaufswagen auf dem Parkdeck stehen, aber so, dass er nicht groß den Verkehr blockiert. Natürlich wird sie nur Sekunden später von einem graumelierten Mercedesfahrer schroff auf ihre Nachlässigkeit hingewiesen. Typisch deutsch? Nicht ihre Antwort: »Ist das nicht Ihr Job? Sie sind doch der Hausmeister, oder?« Dem Graumelierten bleibt die Spucke weg. Das hat gesessen! Hat er sich doch so bürgerlich fein gekleidet, dass man ihn unmöglich für einen Hausmeister halten kann. So eine Unverschämtheit!

Miriam Boese lächelt zufrieden. Sie hat ihrem Namen mal wieder alle Ehre gemacht. Ist das gutes Benehmen? Nein. Hat es ihr gutgetan? Auf jeden Fall! Sie weiß ganz genau: Kleine Normbrüche fördern ihre Ausgeglichenheit. Moralische Bedenken hat sie nicht, sie agiert nach dem Motto »Nomen est omen«. Meine Bitte: Machen Sie es hin und wieder wie Miriam Boese, selbst wenn Sie mit Nachnamen Engel heißen!

Wenn Sie bis hierher durchgehalten haben, sind Sie reif für die höheren Weihen der Durchsetzungsfähigkeit. Einige Übungen werden Ihnen sicher nicht leichtgefallen sein. Abhärtung ist eben manchmal bitter. Deshalb ist in diesem Kapitel Selbstbewusstsein unser Thema. Ich möchte, dass Sie am Ende gut gewappnet sind, um Gegenwind zu ertragen und Kröten auf dem Weg zu Ihrem Ziel schmerzfrei zu schlucken – auch wenn es sich eklig anhört. Dabei helfen ein starkes Selbstbewusstsein und der Glaube an sich selbst, der einem erst Mut macht, Grenzen zu überwinden. Das angepeilte Selbstvertrauen soll mit einem Augenzwinkern und einer Portion Selbstironie kommuniziert werden, wie sie der Autohändler Ahmet Teermann versprüht, der nach längerem Nachdenken im Interview schmunzelnd mitteilt: »Als Schwäche ist mir nur meine Sehschwäche bekannt.« Ulrike Gröbel, Mitarbeiterin eines Energieunternehmens, begeistert sich an ihrer nonverbalen Kommunikation: »Mein Lächeln wirkt auf den ersten Blick liebenswert, entpuppt sich dann aber häufig als das Lächeln eines Hais, wenn ich fließend von der liebevollen Umarmung in den Würgegriff gleite.«

Das Motto dieses Kapitels lautet: Loben Sie sich selbst – in Ihren Stärken und Schwächen –, dann loben Sie auch die anderen. Die Psychologie begrüßt derartige narzisstische Neigungen, die weder übertrieben noch unterbelichtet daherkommen sollen. Dazu zählen ein seriöses, humorvolles Selbstbewusstsein, die Suche nach Anerkennung, das Gefühl der eigenen Wichtigkeit sowie der Glaube, sich eine angemessene Stellung erarbeiten zu können. Diese Zuschreibungen[83] finden sich bei Menschen, die wettbewerbsorientiert und selbstsicher erscheinen und nach sozialem Status streben. Das ist empfehlenswert.

Nicht empfehlenswert ist hingegen der sogenannte **elitäre Narzisst**, der mit übersteigertem Selbstwertgefühl angeberisch, selbstbezogen und süchtig nach Bewunderung auf Kosten der Kollegen agiert. Dieser unangenehme Typus scheint im Berufsleben durchaus verbreitet zu sein, denn in den Aggro-Fragebögen wird sein Verhalten immer wieder kritisiert:

- »Sie sind voller Schadenfreude und Eigennutz. Durch ihre direkte, verletzende Art versuchen sie, sich einen harten Ruf zu verschaffen.«
- »Sie haben nichts gegen Verleumdungen und die Messer-in-den-Rücken-Taktik. Sie zeigen unverhohlene Freude über ihren Erfolg, auch gegenüber den Gescheiterten.«
- »Sie haben nichts gegen die persönliche Bereicherung auf Kosten Dritter. Dazu kommt ihr Intrigantentum plus Dummdreistigkeit gepaart mit Rechthaberei.«
- »Solche Leute sprechen die offensichtlichen Schwächen eines anderen, wie Fettleibigkeit oder Magersucht, vordergründig authentisch in großer Runde an und versehen das noch mit dem Hinweis, dass ›wir deinen Kern wirklich mögen‹.«
- »Sie legen die Messlatte für Erfolge derart hoch, dass man nur verlieren kann, und das wird dann kritisiert, obwohl es von vornherein klar ist.«
- »Sie bringen Kollegen mit Des- und Fehlinformationen zu einer falschen Entscheidung, um ihnen diese später vorzuwerfen.«

Mit Ihrem Wissen aus diesem Buch ist es für Sie mittlerweile sicher ein Leichtes, diese »Kollegen« zu identifizieren und ihnen nicht zum Opfer zu fallen. Außerdem sollten Sie solchen Leuten Paroli bieten, um sie in ihrem Karrierestreben zu bremsen. Wenn solche Kandidaten aufsteigen, werden sie ihr narzisstisch-elitäres Potenzial auch als Vorgesetzte ausleben – und das ist kontraproduktiv für jedes Unternehmen. Um ihnen den Kampf anzusagen, bedarf es aber einer ordentlichen Portion Selbstbewusstsein, denn eines ist sicher: Wer sich positionieren will, muss an sich selbst glauben, gerade auch zum Selbstschutz vor der Schärfe der narzisstischen Kritiker. Vielleicht mögen Sie sich in puncto Selbstbewusstsein einfach am Beispiel des Altkanzlers Helmut Schmidt orientieren: Der folgte als junger Mann nicht der Dissertationsempfehlung seines Professors, sondern antwortete gelassen, dass er gerne warten könne, bis ihm der Doktortitel ehrenhalber verliehen werde. Oder Sie nehmen die Grande Dame eines bekannten deutschen Familienunternehmens. Nach einem Vortrag in ihrem Unternehmen bat ich sie, einen Beitrag für ein Buch über Führungsverhalten zu schreiben. Sie erschien mir dafür sehr prädestiniert. Der Arbeitstitel lautete: »Wie sich eine Frau nach oben boxt.« Wir fuhren gerade durch die Hamburger Elbvororte, also eine Gegend des gehobenen sozialen Wohnungsbaus, als sie mich nachsichtig anschaute und sagte: »Junger Mann, über das Hochboxen kann ich Ihnen gar nichts schreiben. Sie müssen bedenken: Ich war schon immer oben!« Für solch ein bestechendes Selbstbewusstsein – mit Augenzwinkern vorgetragen – müssen Sie nicht in ein Unternehmen hineingeboren werden. Das geht auch viel bodenständiger.

Bauchpinseln selbst gemacht

Mathias Scheele verhandelt in der Elektrobranche die Einkaufspreise. Das liegt ihm einfach. Aber es gibt auch Tage, an denen er sich klein wie eine Kirchenmaus fühlt. Er wirkt psychisch angeschlagen und jede Körperzelle signalisiert ihm: »Das ist nicht dein Tag.« Heute ist einer dieser Tage. Und ausgerechnet heute hat er zwei komplizierte Verhandlungen vor sich. Oh je, das wird er vermutlich nicht packen. Für den erfolgreichen Abschluss fehlt ihm zumindest heute das Selbstvertrauen. Ob er lieber zu Hause bleiben sollte? Er könnte sich doch krankmelden und die Verhandlungen verschieben, anstatt sie sehenden Auges – nur aus Pflichtgefühl – am Ende zu vergeigen …

Aber für solche Durchhänger-Tage hat Mathias Scheele einen Plan B, der ihm schnell wieder auf die Füße hilft. In seinem Büro angekommen, öffnet er seine abschließbare Schreibtischschublade und holt ein DIN-A4-Blatt heraus, das in Folie eingeschweißt ist. Auf diesem Blatt Papier steht eine Liste mit sage und schreibe 33 seiner Persönlichkeitsstärken. Eine imposante Zahl. Die Einträge auf der Liste hat er sich nicht selbst ausgedacht, sondern sie stammen alle von Kunden, Kollegen, Vorgesetzten oder aus dem privaten Umfeld. Er hat deren wohlwollende Aussagen einfach gesammelt (das war die Idee eines Coachs, den er privat kennt): Immer wenn Mathias wegen seiner Leistungen oder seines Auftretens gelobt wird, notiert er das. Bedankt sich eine Kollegin für seinen Support, notiert er das. Betont der Chef seine besonnenen Kommunikationsstil, notiert er das. Das Lob kann Äußerlichkeiten betreffen (»Du siehst heute richtig frisch aus, irgendwie mitreißend«), innere Züge benennen (»Wir können hier auf deine Erfahrung bauen«), Handlungsweisen ansprechen (»Toll, wie du den Kunden noch gewinnen konntest«) oder es können kleine Nettigkeiten sein, etwa weil er der Kollegin ein Kompliment zum neuen Styling gemacht hat. Über die Zeit addieren sich diese Notizen zu einer imposanten **Superheld-Liste**.

Seine persönliche Superheld-Liste betrachtet er jetzt – noch fühlt er sich miserabel. Nun beginnt er, die Punkte eins bis vier zu lesen. Da steht »Kluger Kopf«, »Sehr guter Rhetoriker«, »Du bist schnell, siehst passabel aus und gehst fair mit Schwächeren um« und »Du hast Austeilerqualitäten«. Mathias denkt, was die meisten von uns denken würden: »Na, das ist ja ganz schön dick aufgetragen …« Dann liest er die nächsten Punkte und überlegt: »Na ja … das stammt ja nicht von mir, das haben andere über mich gesagt.« Punkt für Punkt geht er die Liste weiter durch. Seine nächste Erkenntnis bei der Lektüre: »Also, ganz objektiv betrachtet könnte da schon etwas dran sein.« Er liest »Strategisches Gespür«, »Sorgt für die Seinen« und weitere angenehme Dinge.

Nach spätestens zwei Drittel der Superheld-Liste entfaltet sich die fabelhafte Wirkung der Komplimente: Mathias Scheele blüht förmlich auf, seine Brust wird breiter und er sagt sich: »Jetzt mal ganz ehrlich, bei aller Objektivität: Du bist echt ein starker Typ!« Er muss jetzt auch lachen – aus Selbstironie und aus guter Laune. Sein Morgen-Blues ist wie weggeblasen. Die restlichen Punkte liest er gar nicht mehr, denn er hat es jetzt eilig und greift zum Hörer. Das Gespräch mit seinem Verhandlungspartner eröffnet er mit dem Satz: »Hallo Herr Schwerdtfeger, wie geht's? Ich bin mir sicher, das wird für uns alle ein ganz wunderbarer Tag!«

Einen solchen Motivationsschub nennt der Interaktionismus **Positiv-Labeling:** Ein Stempel des Wohlwollens wird Ihnen dabei aufgedrückt. Der Münchner Autor Florian Langenscheidt schätzt diese optimistische Perspektive:[84] Natürlich soll das Negative in der Welt nicht verdrängt oder verleugnet werden. Nur bringt es niemanden weiter, sich primär darauf zu fokussieren! Der Optimist sieht die Realität in all ihrer Komplexität – und macht einfach das Beste daraus. Auch was sich selbst betrifft. Die Lektorin und Autorin Katy Albrecht singt ein Hohelied auf die Lobkultur:[85] »Wer sich einer grundsätzlichen Anerkennung und Wertschätzung seiner Person und Arbeit sicher sein kann (…) ist auch viel eher bereit, Kritik nicht nur einzustecken, sondern auch tatsächlich anzunehmen und umzusetzen. Das Lob schafft damit die Grundlage dafür, dass Kritik ausgehalten und als berechtigt sowie konstruktiv erkannt werden kann.« In ihrer **Checkliste des Lobes** empfiehlt Katy Albrecht: »1. Gelobt sei alles, was gut ist, und jeder, der gut ist. Und der, der Gutes tut, sowieso. 2. Zeitnah und praxisnah zu loben ist oberste Pflicht des Lobenden. 3. In der Kürze liegt die Würze. Je kürzer das Lob, desto präziser und punktgenauer die Motivation.« Liebe Leserinnen und Leser, das müsste doch zu machen sein!

Wie könnte Ihre Superheld-Liste aussehen? Denken Sie sich die Punkte aber nicht selbst aus, sondern fragen Sie Ihre Partner, Kollegen, Sportsfreunde, Familienangehörigen und Ihren

Freundeskreis. Wenn Ihnen direktes Fragen zu aufdringlich erscheint, warten Sie einfach, bis Sie die ersten kleinen oder großen Komplimente hören. So dauert es zwar etwas länger, bis Sie Ihre Positiv-Labeling-Liste beisammen haben, das macht aber nichts. Ab sofort haben Sie Ihre Superheld-Liste immer dabei: Falten Sie sie zusammen und verstauen Sie sie in Ihrer Geldbörse. Stehen Sie im Stau, lesen Sie sie. Haben Sie einen Durchhänger im Job, lesen Sie sie. Pendeln Sie mit Bus oder Bahn, lesen Sie sie. **Einverleibung** nennt das die Psychoanalyse, denn im Anschluss haben Sie sich selbst zum Fressen gern. Das wiederholte Lesen führt zu dem wunderbaren, Ihnen sicher bekannten psychologischen Mechanismus der **Selffulfilling Prophecy,** der sich selbst erfüllenden Prophezeiung. Sie werden immer mehr bereit sein, an diese positiven Zuschreibungen zu glauben, obwohl Sie und ich wissen, dass jeder Mensch auch weniger erfreuliche Seiten hat. Die Liste festigt Ihren Glauben an Ihre beruflichen Potenzen, denn dahinter steht das berühmte **Thomas-Theorem** (1928): »If men define situations as real, they are real in their consequences.« Wenn Sie bestimmte Situationen als real definieren – in unserem Fall, dass Sie ein ganz fabelhafter Mensch sind –, dann wird dieses selbstbewusste Denken reale Folgen haben. Kollegen und Vorgesetzte werden nach einer gewissen Zeit zu Ihnen sagen: »Du hast so eine gewisse Ausstrahlung bekommen.« Ich darf Ihnen versichern: Das hört jeder gern – und es eignet sich gleich als nächster Punkt auf Ihrer Superheld-Liste. Gleich notieren!

Mit Ihrer Positiv-Labeling-Liste im Hinterkopf können Sie in jeden Konflikt gehen. Vielleicht werden Sie dort zu Recht kritisiert, denn Sie haben den einen oder anderen Fehler begangen. Sie sind allerdings über die Schärfe Ihrer Kritiker nicht überrascht, denn die sind seit Ihrer Diamantenanalyse und der Positiv-negativ-neutral-Analyse ja bereits mit dicken Minuszeichen versehen. Nicken Sie ihnen einfach höflich und konzentriert zu, um sie nicht zu provozieren, und sagen Sie Ihren **Abwehrrheto-**

rik-Standardsatz auf: »Das sind wichtige Punkte, die Sie ansprechen. Darüber denke ich nach.« In Ihrem Kopf spukt aber ein anderer Satz herum: »Was soll's, steht es eben zwei zu dreiunddreißig. Sportlich gesehen liegst du verdammt weit vorn.« Herrlich, im Vergleich zu Ihrer langen Superheld-Liste jucken diese paar Kritikpunkte Sie doch überhaupt nicht mehr.

Kritik ernst nehmen, sie sich aber nicht zu Herzen nehmen, das ist die eigentliche Kunst. Das gelingt nur, wenn Sie die berechtigte Kritik an Ihrer Person ganz bewusst kleinreden und sich gleichzeitig mit Ihren Stärken selbst erhöhen. Wie ein Riese schauen Sie dann auf die Zwergenkritik. So können Sie sie sich in Ruhe von oben ansehen und gegebenenfalls auch darauf eingehen. Schlaflose Nächte wird Ihnen das sicher nicht mehr machen, auch keine Magenschmerzen oder große Sorgen, denn Sie akzeptieren, dass es immer Menschen geben wird, die Ihr berufliches Handeln wenig schätzen oder für falsch halten. Hundertprozentigen Zuspruch hat niemand, alles über 50 Prozent ist vollkommen in Ordnung. Behalten Sie also ruhig Ihre Ecken und Kanten, sie machen schließlich Ihren Charakter und Ihre Persönlichkeit aus.

Machen wir gleich eine weitere Analyse: Erinnern Sie sich an eine berufliche Situation, in der Sie von der Seite angemacht oder unfair behandelt wurden. Im Grunde ist es doch so: Man weiß genau, dass man jetzt eigentlich schlagfertig etwas erwidern müsste. Dennoch bleibt man stumm wie ein Fisch, weil einem im ersten Moment die Worte fehlen, aber vor allem, weil man Angst vor dem Echo des Gegenübers hat. Also, aus vorauseilendem Gehorsam schweigen Sie jetzt, anstatt in angemessenem Ton Grenzen aufzuzeigen. Warum ist das so? Diese **Bumerang-Furcht** entsteht, weil Sie – wie wir alle – eine archaische Furcht davor haben, verletzt zu werden. Diese Angst, die Sie beruflich ausbremst, wollen wir Ihnen jetzt gemeinsam austreiben: Überlegen Sie sich daher, was das mit Abstand Allerschlimmste ist, das man Ihnen als Feedback geben könnte. Das

Allerschlimmste bedeutet: Etwas, wobei Sie beruflich oder privat Schuld auf sich geladen haben, sodass Sie anfangen könnten zu heulen, wenn Sie nur daran denken. Etwas, das Ihnen furchtbar unangenehm wäre, wenn andere davon wüssten. Im Grunde genommen geht es um die Frage: Was würde Sie wirklich tief verletzen? Überlegen Sie so lange, bis Ihnen zwei Dinge einfallen. Merken Sie sich diese beiden Dinge genau und halten Sie sie unbedingt geheim! Verraten Sie sie niemandem, nicht Ihren liebsten Kollegen und schon gar nicht Ihrem Partner oder Ihrer Partnerin. Denn beim nächsten Streit – und der kommt bestimmt – würde das Wissen um Ihre wunden Punkte vermutlich gegen Sie verwendet werden. Das ist dann nur schwer zu verzeihen. Verschwiegenheit ist also Trumpf!

Doch was fangen Sie jetzt mit Ihren beiden wunden Punkten an? Ab sofort machen Sie Folgendes: Bevor Sie in ein Gespräch gehen, bei dem Sie Prügel zu erwarten haben, stellen Sie sich zu Hause vor Ihren Badezimmerspiegel. Schauen Sie sich in die Augen und sagen im scharfen Ton: »So, Tag! Gib es mir! Hau mir voll eine rein! Mach mich heute richtig fertig!« Und dann denken Sie über Ihre beiden allerschlimmsten Feedbackbefürchtungen nach. Stellen Sie sich vor, wie man Ihnen diese Dinge vorwirft, um Sie damit in der Tiefe Ihrer Seele zu verletzen. Dann sitzen Sie in der Besprechung. Sie werden von allen Seiten harsch kritisiert, Ihre Widersacher machen Sie richtig rund. Und während Sie so dasitzen und die anderen auf Sie einhämmern, denken Sie: »Meine Güte, die hauen ja richtig rein, die geben sich richtig Mühe – aber die wirklich schlimmen Dinge treffen sie nicht, die Versager!« Vielleicht sind Sie sogar am Ende ein bisschen enttäuscht, dass Ihre Kritiker nicht punktgenau bei Ihren schlimmsten Befürchtungen landen. Aber auf gar keinen Fall werden Sie fassungslos oder ängstlich sein angesichts dieser lahmen Kritik – denn Sie haben sich ja auf das Schlimmste gefasst gemacht. Das nennt man **Einsteckerqualität**! Probieren Sie es aus!

Einsteckerqualitäten sind die Voraussetzung für Schlagfertigkeit, weil sie Ihnen das Gefühl der Unverletzlichkeit geben und damit den Mut freisetzen, etwas zu erwidern: »Gibt's dich auch intelligent?!«, konterte etwa die Fitnesstrainerin Christiane Kormann bei einem leicht übergriffigen Sportler. Der reagierte sofort – mit einer Entschuldigung. Die Psychologie spricht von der **Identifikation mit der Aggressorin**! Der Schauspieler und Coach Lutz Herkenrath liebt diese weibliche Schlagfertigkeit, weil sie seinem Leitgedanken »Böse Mädchen kommen weiter« folgt:[86] Um ihre eigenen Wünsche und Ansprüche selbstbewusst zu äußern, sich Respekt zu verschaffen und ihr Durchsetzungsvermögen zu steigern, so Herkenrath, sollen Frauen nicht zu Männern werden. Sie sind dann am besten, wenn sie ihr eigenes Potenzial ausleben und es wagen, auch mal unbequem zu sein.

Wem dazu manchmal die Power fehlt, dem empfiehlt Uschka Pittroff, zum Auftanken den eigenen **Energie-Eimer** zu füllen.[87] Dieser besteht aus einer Liste mit 15 Punkten, die einem Kraft und Energie geben: Das kann die Vorfreude auf den nächsten Strandurlaub sein, der Musikgenuss über erstklassige Kopfhörer, die heiße Dusche, der Waldlauf an einem sonnigen Morgen oder eine Pediküre. Uschka Pittroffs Motto lautet: Sich selbst verwöhnen relativiert beruflichen Ärger. Alles im Sinne der Work-Life-Balance. Sie sollten diesem Gedanken folgen!

Wenn Sie sich entschieden haben, Ihren Weg zu gehen, Ihre Ziele zu erreichen und sich nicht mehr kampflos die Butter vom Brot nehmen zu lassen, dann haben Sie jetzt gute Werkzeuge in der Hand, die Sie immer einsetzen können, wenn es die Situation verlangt. Der Werber Klaus Utermöhle setzt das auf seine ganz eigene Art um: »Machen Sie aus wenig viel und fügen Sie Vorhandenem etwas Eigenes, Neues hinzu. Dann gehören Sie zu den kreativsten Menschen im Land, die viel bewegen und täglich merken, dass sie leben. Nur den Lebendigen gehört die Zukunft.«[88] Recht hat er! Wer sich aber nicht sicher ist, welche Entscheidung er treffen soll, dem empfiehlt Utermöhle mit einem Augenzwinkern das **Spiel gegen den Kadaver:**[89] Es gibt im Casino am Spieltisch »immer einen, dessen Krawatte schon auf halb acht hängt, dessen Hemd verräterische Flecken um die Achselhöhlen aufweist, der untrüglich nach Niederlage stinkt. Dessen Blick verrät, dass er weiß, dass er verlieren wird. Der ist an diesem Abend schon tot. Mach einfach das Gegenteil von dem, was er tut« – um selbst zum Erfolg zu kommen. Klar, das hätte man sicher sensibler formulieren können, aber die Empfehlung ist einen Versuch wert.

Man kennt es doch: Ein Kollege stellt eine Idee vor – und in dem Augenblick wissen Sie sofort, dass das eine totale Luftnummer ist, die niemals funktionieren wird. Statt jetzt mit der dummen »Kadaver-Idee« mitzugehen, denken Sie über das Gegenteil dieses Vorschlags nach. Sie nutzen also die Kadaver-Idee für Ihre eigene Inspiration. Wenn Ihnen nun etwas einfällt, das nach Erfolg riecht, schlagen Sie Ihre Idee zu einem späteren Zeitpunkt vor. Sollten Sie Utermöhles Überlegung allerdings direkt im Casino umsetzen und gewinnen, dann möchte ich sie um Folgendes bitten: Geben Sie dem »Kadaver-Mitspieler« am Pokertisch etwas von Ihrem Gewinn ab. Sie tun damit Gutes, denn Sie erkennen seinen Beitrag zu Ihrem Erfolg an und geben ihm die Chance zu einem zweiten Versuch. Das ist dann nicht nur aggro, sondern auch fair!

Was Sie sich unbedingt merken sollten: Wenn Sie ins Fadenkreuz geraten – nur keine Panik!

- **Loben Sie sich selbst, sonst lobt Sie keiner!** Mit der Superheld-Liste bauen Sie Ihr Selbstbewusstsein auf. So haben Miesmacher keine Chance und Sie meistern auch schwierige Situationen mit Bravour.
- **Nehmen Sie Kritik ernst, aber sich nicht zu Herzen!** Wenn Sie stets auf das Schlimmste gefasst sind, kann Sie so schnell nichts umhauen. Und bei aller Kritik dürfen Sie nie vergessen: Sie sind ein feiner Mensch!
- **Immer cool bleiben!** Zeigen Sie ernsthaftes Interesse an der Kritik, aber reagieren Sie höchstens butterweich mit dem Satz: »Danke für Ihre Kritik. Ich denke darüber nach.« Bitte kein spontanes Wort mehr! Richtig reagieren Sie erst 24 bis 48 Stunden später – und zwar überlegt und durchdacht. Bei Provokationen gilt: Die größte Niederlage des Provokateurs ist das Ignorieren seiner Provokation.

Was Sie jetzt zu tun haben:
Machen Sie sich unantastbar!

- **Aufgabe 1:** Erstellen Sie Ihre persönliche Superheld- beziehungsweise Lob-Liste. Denken Sie sich diese aber nicht selber aus, sondern fragen Sie Ihre Partner, Kollegen, Sportsfreunde, Familienangehörigen und Ihren Freundeskreis, was die toll an Ihnen finden. Wenn Ihnen das zu aufdringlich erscheint, warten Sie einfach, bis Sie die ersten kleinen oder großen Komplimente hören. Ganz wichtig – sonst klappt das nicht: Schreiben Sie das Gehörte immer auf! So wächst Ihre Superheld- und Lob-Liste ganz automatisch. Dabei gilt: Je häufiger Sie sie lesen, desto besser wirkt die Selffullfilling Prophecy und desto mehr Selbstbewusstsein kann sich in Ihnen entfalten.
- **Aufgabe 2:** Denken Sie darüber nach, was das Allerschlimmste ist, das man Ihnen als vernichtendes Feedback rückmelden könnte. Suchen Sie also nach der Höchststrafe, die man Ihnen verbal antun könnte. Womit könnte ein Kritiker Sie wirklich tief verletzen? Aber hüten Sie Ihre wunden Punkte wie Ihren Augapfel, sie bleiben Ihr größtes Geheimnis! Mit diesem Wissen um Ihre wunden Punkte verlieren zukünftige unangenehme Gespräche ihre Dramatik, denn so schlimm kann es nicht mehr werden.
- **Aufgabe 3:** Füllen Sie Ihren Energie-Eimer. Erstellen Sie dazu eine Liste mit Dingen, die Ihnen Kraft und Energie geben. Und noch wichtiger als die reine Erstellung der Liste: Setzen Sie die Einträge von der Liste in die Tat um, tun Sie sich im-

mer wieder etwas Gutes! Sorgen Sie für eine ausgeglichene Work-Life-Balance. Essen Sie, trinken Sie, haben Sie Spaß – genießen Sie das Leben!

KAPITEL 10

EIN STRAUSS DORNIGER ROSEN FÜR IHRE GEGENSPIELER: DIE NEUN GRUNDREGELN

Über Kaschmirpullis, die Torwartkonzentration, präventive Zeitlügen und subtile Gemeinsamkeiten

Jetzt haben Sie es fast geschafft! In den vorigen Kapiteln haben Sie viele Möglichkeiten kennengelernt, sich im Berufsleben zu behaupten. Wenn Sie mich fragen, was Sie davon am besten anwenden sollten, würde ich sagen: Alles!

Sie wissen jetzt,

- wie Sie bestimmt auftreten und sich klar mit Ihren Stärken positionieren können,
- wie Sie verhindern, dass jemand Ihnen das Leben schwer macht und Sie abschießt,
- wie Sie effizient netzwerken, Selbstbewusstsein ausstrahlen und genau analysieren, mit wem Sie es eigentlich in Ihrem beruflichen Umfeld zu tun haben,
- wie Sie Ihren Standpunkt besser einbringen und sich nicht übervorteilen lassen,
- wie Sie sich gegen unfaire Kollegen und Strukturen angemessen zur Wehr zu setzen, ohne dabei aus der Haut zu fahren.

In diesem Kapitel werden alle wichtigen Punkte kompakt zusammengefasst und noch einmal präzisiert. Sie sind ein Appetizer, ein Schlüssel, der Ihnen die Tür zum Bestehen in der Berufswelt öffnet. Nur Mut bei der Umsetzung der Empfehlungen! Sollten Sie aus Versehen einmal zu weit gehen, macht das gar nichts. Sie können sich immer noch am nächsten Tag entschuldigen. Das kommt durchaus gut an, weil Sie damit Ihre Bereit-

233

schaft zur Reflexion signalisieren. Wer um Entschuldigung bittet, wenn er den Bogen überspannt hat, zeigt Größe!

Sollte Ihnen einmal die Kraft ausgehen, sorgen Sie sich nicht, nehmen Sie sich eine **präventive Auszeit**: Melden Sie sich ein bis zwei Tage krank, bevor Sie richtig krank werden und dann gleich zwei Wochen wegen Erschöpfung ausfallen. Hören Sie auf Ihren Körper. Wir wissen alle frühzeitig, wann uns alles zu viel wird. Praktizieren Sie die **professionelle Zeitlüge**, wenn das Ihr Beruf erlaubt: Sagen Sie nie »Ich bin zu erschöpft« oder »Ich kann nicht mehr«. Benutzen Sie stattdessen kleine Notlügen, um sich mit Auszeiten zu verwöhnen: »Ich stecke gerade in einer Telefonkonferenz mit Berlin«, »Ich bin auf dem Weg zum ICE« oder »Ich bin auf dem Sprung zum Projektleiter« (mit dem Sie sich abgestimmt haben und in dieser Zeitlüge abwechseln). Erfolgreiche Berufstätigkeit ist ein Marathonlauf und diese kleinen Kniffe helfen Ihnen, das Rennen über die volle Distanz durchzuhalten. Dann bleiben Sie der Superheld, den auch der andere für super hält!

Ich persönlich beachte die folgenden Grundregeln, weil sie wunderbar funktionieren. Sie haben etwas Pragmatisches. Sie haben mir auf meinem beruflichen Weg geholfen, weil ich konfliktgeladene Situationen, schwierige Kollegen und Chefs frühzeitig wahrnehmen und entsprechend angemessen reagieren konnte. Zum Glück musste ich diese Grundregeln nur selten anwenden, weil mein Alltag – und hoffentlich auch Ihrer – durch seriöse Absprachen und ein höfliches und halbwegs faires Miteinander bestimmt ist. Durchsetzungsstärke ist hier nicht nötig, weil Fairness obsiegt. Weit mehr als 80 Prozent aller Berufssituationen lassen sich im Miteinander lösen. Nur für den schwierigen, zum Teil knallhart agierenden Rest bleiben die dornigen Rosen reserviert. Diese wichtigen, konkurrenzorientierten Situationen im Job entscheiden über Ihr berufliches Weiterkommen oder Ihre Stagnation. Hier gilt es dann, hellwach zu sein, ähnlich dem Torwart, der nur einmal spielentscheidend in der 78. Minute geprüft wird und dann sensationell pariert.

In Hamburg erklärt man Härte so: »Kennen Sie den Unterschied zwischen einem hanseatischen, ehrbaren Kaufmann und einem normalen Kaufmann? Beide verkaufen ihre Großmutter. Nur der Hanseat liefert wirklich.« Vor diesem Hintergrund mag es beruhigend sein, dass die Durchsetzungsregeln dieses Buchs deeskalierend wirken, weil sie Sie in die Lage versetzen – auch als gefährdete Großmutter –, präventiv zu handeln. Durch Vorbeugung bleibt also der große Knall aus. Je mehr Ihr reales Handeln den folgenden Grundregeln entspricht, desto besser sind Sie bei den Themen Durchsetzungsstärke, Machtspiele, Konkurrenz, Wettbewerb und positive Aggression aufgestellt. Je weniger diese Regeln Ihr Handeln prägen, desto mehr gehen Sie Ihren eigenen Weg, der hoffentlich ebenfalls zufriedenstellend und erfolgreich sein wird.

Regel 1: Sich mit Power durchsetzen, um Gutes zu tun!

Der Grundgedanke der positiven Aggression ist ein ethischer. Es geht nicht darum, sich mit Power durchzusetzen, um andere niederzumachen wie ein rücksichtsloser Ellenbogenkarrierist. Vielmehr sollen die rücksichtslosen Zeitgenossen ausgebremst werden, aber nicht Ihre guten Projektideen und Ihr engagiertes Auftreten. Es geht um Ihre Firma, die Sie unterstützen und am Leben erhalten wollen. Ihr Durchsetzungspotenzial schafft Gutes für Sie selbst, weil Sie gehört werden, es schafft Gutes für Ihr Unternehmen, weil es erfolgreicher wird, und es schafft Gutes für die Gesellschaft, weil Sie und Ihre Firma wegen des Erfolgs kräftig Steuern zahlen, sodass das soziale System finanziert und die soziale Spaltung der Gesellschaft verringert werden kann. Eine erstrebenswerte Trias!

Regel 2: Unterlassen Sie chancenlose Kraftproben!

Bevor Sie in den Clinch gehen, prüfen Sie bitte, ob Sie mit Ihrem Netzwerk bei der Auseinandersetzung überhaupt ansatzweise das durchsetzen können, was Sie wollen. Diese Anstrengung macht nämlich nur Sinn, wenn Sie eine mindestens 51-prozentige Gewinnchance haben. Am schönsten ist es natürlich, wenn Sie von vornherein wissen, dass Ihre Gewinnchance bei 70 Prozent steht. Der Sieg ist dann genauso schön, aber weniger nervenaufreibend.

Seien Sie auf der Hut, wenn Ihnen Kollegen oder Chefs mit neuen Aufträgen den Mund wässrig machen, bei denen Sie aber nicht einschätzen können, wie die Gewinnchancen stehen.

Sonst ergeht es Ihnen wie der Stoffhändlerin Valentina Mügge, die mit einem innovativen Projekt gelockt wird, dessen Gewinnchance um 30 Prozent liegt – was man ihr natürlich nicht verrät. Ihr Chef will ihr, bei erwartetem Versagen, folgendes Feedback geben: »Frau Mügge, das war enttäuschend.« Sollte ihr das Projekt aber wider Erwarten gelingen, will ihr Chef sich den Erfolg an die eigene Brust heften, die Lorbeeren ernten und ihr im Kleingedruckten danken. Fair ist das nicht, aber nach der Lektüre dieses Buches werden Sie auf derartige Inszenierungen natürlich nicht mehr hereinfallen, weil Ihre Diamantenanalyse diesen Kollegen oder Chef bereits im Minusbereich verortet hat. Seine Offerten betrachten Sie daher von vornherein mit Skepsis.

Regel 3: Positionieren Sie sich!

Keiner kauft freiwillig die Katze im Sack. Also sagen Sie explizit, was Sie zu bieten haben. Ihre Leitung wird sich das merken und auf Sie zurückkommen. Ohne Positionierung weiß niemand, woran man bei Ihnen ist. Streuen Sie Informationen über Ihre Stärken, sonst setzt man Sie womöglich im falschen Bereich ein und Sie können keine gute Leistung erzielen. Positionieren Sie sich gar nicht, geraten Sie zwar selten ins Kreuzfeuer der Interessen, aber Sie werden auch nur sehr selten gefördert – und das ist schlecht.

Clemens Burghard, Mitarbeiter der Zementbranche, hat sich auf eine Weise positioniert, die nicht bei jedem Kollegen gut ankommen dürfte: »Man darf mich als Meister im Delegieren bezeichnen, weil ich das so gut beherrsche, dass ich kaum noch selber etwas zu arbeiten habe.« Sein Chef erscheint dagegen ein wenig antiquiert, weil er Positionierung mit Sitzposition verwechselt: »Den Stuhl vor meinem Bürotisch habe ich heruntergedreht, damit ich immer ein wenig körperlich imposanter erscheine.« Lernen können beide von Liesbeth Seemann, die ein Gartencenter bei München leitet. Sie positioniert sich in ihrem Unternehmen mit der FC-Bayern-München-Methode, also der Methode eines Vereins, der dafür bekannt ist, die Mitbewerber zu schwächen, indem er deren Topspieler verpflichtet. Liesbeth Seemann informiert nämlich den Center-Eigentümer, dass die Topangestellte seines Mitbewerbers, also diejenige, die den Konkurrenzladen am Laufen hält, mit Abwanderungsgedanken spielt. Diese Information habe sie über ihr Frauennetzwerk erhalten. Das lukrative Wechselangebot führt schnell zum Erfolg, sodass die Top-Frau jetzt für »ihr« Center arbeitet. Liesbeth Seemann hat sich mit dieser Aktion natürlich im Unternehmen exzellent positioniert. Ganz anders agiert der Positionierungsallergiker Marc Steiger. Der möchte von alledem nichts wissen und gar nicht erst gefragt werden, egal worum es geht. Er möchte in der letzten Reihe bleiben und in Ruhe gelassen werden, um seinen Job zu machen. Dass man ihn tatsächlich in Ruhe lässt, hat er mit seinem permanent ungeschickten Verhalten provoziert, das er als Kaschmirpulli-Strategie bezeichnet: »Nachdem ich zweimal einen neuen

Kaschmirpullover meiner Partnerin bei 60 Grad gewaschen habe, kam das herbeigesehnte Waschmaschinenverbot.« Das ist eine klare Positionierung zur Unfähigkeit und keine, die dieses Buch empfehlen möchte.

Regel 4: Meiden Sie Nörgler, Bedenkenträger und Bremser im Unternehmen!

Wenn Sie ein Helfersyndrom haben und sich gern um hoffnungslose Fälle kümmern: Tun Sie das, aber tun Sie es bitte nicht im Job, sondern in Ihrer Freizeit. Beim ehrenamtlichen Engagement bei kirchlichen Einrichtungen oder Sozialverbänden oder in anderen Vereinigungen. Dort können Sie sich helfend austoben. Aber solidarisieren Sie sich im Job nicht mit den schwierigen Fällen, denn deren negative Eigenschaften könnten womöglich dann auch mit Ihnen assoziiert werden. Halten Sie Nörgler, Bedenkenträger und Bremser also unbedingt auf Distanz – es ist zu Ihrem Besten!

Dorothea Beck, Mitarbeiterin eines Innenarchitekturbüros, hat das Rückfeuern der Bedenkenträger am eigenen Leib erleben dürfen: »Ich arbeite einen sehr guten Projektvorschlag aus, der zwar nicht meinem momentanen Auftrag entspricht, aber mir gerade in den Sinn kommt. Anstatt dass mein Team diese Eigeninitiative aufgreift, lassen sie den Vorschlag bis einen Tag vor unserem Leitungstreffen liegen, formulieren dann neun (!) Änderungswünsche, die ich über Nacht gar nicht abarbeiten kann, und kritisieren am nächsten Tag mein Engagement vor unserer Leitung als eigensinnig und unausgegoren.« Schreiben Sie sich also eins hinter die Ohren: Es wird Ihnen nur selten gelingen, Bedenkenträger zu begeistern. Den Nörglern wird es aber häufig gelingen, Sie – egal ob absichtlich oder unabsichtlich – herunterzuziehen. Deren larmoyante Art wird wie Pech und Schwefel an Ihnen kleben. Also: Lassen Sie es bleiben! Sonst ergeht es Ihnen wie Hardy Buschmanns Kollegen aus der Finanzverwaltung: »Ich kann das Lamentieren über schwer zu ändernde Mängel bei uns nicht mehr hören und sehe zu, dass die Lamentierenden über bestimmte Treffen erst gar nichts erfahren und ihre Litanei dann auch nicht absondern können. Unseren Prozessen kommt das zugute.«

Regel 5: Pflegen Sie Ihre Einsteckerqualitäten!

Definieren Sie die verletzlichsten Punkte Ihres Persönlichkeitsprofils beziehungsweise Ihrer Vita, um quasi vorab zu wissen, was das Schlimmste ist, das man Ihnen antun könnte. Ohne Einsteckerqualitäten haben Sie es im Berufsleben schwer, denn je schwieriger und anspruchsvoller Job und Kollegen werden, desto mehr sind sie hier gefordert. Einsteckerqualitäten sind wichtiger als das Austeilen, sagen die Boxer und haben recht damit. Denn was nützt die größte Power, wenn man ein Glaskinn hat. Roland Jäger spricht von »unbequemen Wahrheiten«.[90] Sein Appell lautet: »Ausgekuschelt.« Aber auch hier gibt es Grenzen. »Nicht alles kann man wegstecken«, sagt Hubertus Eriksen aus dem Spirituosenhandel und denkt dabei an seine beste Freundin und Kollegin: »Die hat aus lauter Ärger über mich meine bestgehütete Weinrarität für das Ausprobieren von Salatsoßen verwendet. Mein Entsetzen hat sie genossen, und das alles nur, weil ich sie mit dem Satz geärgert hatte, dass sie von Wein nun wirklich keine Ahnung habe. Das hat sie mir auf ihre provozierende Weise ja nun auch bestätigt.«

Regel 6: Reagieren Sie schnell auf die Gerüchteküche

Begehen Sie niemals den Fehler, ein Gerücht über Sie auszusitzen. Wenn es zu lange im Umlauf ist, nehmen es Ihre Kollegen und Ihre Vorgesetzten am Ende noch für bare Münze, denn wenn Sie sich nicht dagegen wehren, »wird da wohl irgendwas dran sein«. Also, wenn Ihnen ein unschönes Gerücht zu Ohren kommt, reagieren Sie sofort. Übernehmen Sie die Definitionsgewalt! Das heißt, stellen Sie es richtig: Bei Vorgesetzten appellieren Sie an deren Fürsorgepflicht, den Personalrat informieren Sie über diese Ungerechtigkeit und ihr Netzwerk briefen Sie, damit es Ihre Richtigstellung streut. Dabei ist gar nicht entscheidend, dass Sie den Mobber outen, sondern dass er merkt, dass seine Hetze Ihnen nicht schadet. Er wird Sie nach diesem Misserfolg höchstwahrscheinlich in Zukunft in Ruhe lassen.

Den Kampf gegen die Gerüchteküche treten Sie aber niemals alleine an – sonst haben Sie schon verloren. Bedenken Sie: Sie haben es meistens mit anonymen Gegenspielern zu tun. Bastian Schönfeld kennt das aus der Werbebranche. Er ist Opfer derartiger Gerüchte geworden und warnt: »Gerüchte können den Werdegang sehr negativ beeinflussen. Vielleicht kursiert, dass Sie Abwanderungswünsche haben, nicht mehr so leistungsfähig und faul sind, Gelder unterschlagen haben, pädophile Neigungen haben oder eine Beziehung zu einer Minderjährigen pflegen. Bei Gerüchten hört der Spaß auf. Dann will irgendjemand einen absägen. Nur wer? Dann gilt es, keine Zeit zu verlieren, um das Gerücht aus der Welt zu schaffen, denn eines muss Ihnen klar sein: Wenn Sie es gehört haben, haben es alle anderen schon mehrfach gehört!«

Regel 7: Perfektionieren Sie Ihre Abwehrrhetorik!

Legen Sie sich zwei, drei schlagfertige Standardformulierungen zurecht, die Sie abspulen, wenn Ihnen bei unerwarteten Angriffen die Spucke wegbleibt. Optimal ist es natürlich, wenn Sie eine überzogene Kritik schlicht fachlich entkräften können. Aber das ist nicht immer möglich, weil Sie nicht auf den Überraschungsangriff vorbereitet und somit innerlich blockiert sind. Das hat System, denn Ihr Angreifer hat Stunden Zeit, sich seine Worte zurechtzulegen, während Sie innerhalb von wenigen Sekunden reagieren müssen.

Empfehlenswert ist in einer solchen Situation: Nicht überrascht wirken – also die Gesichtszüge unter Kontrolle halten – und dann ruhig sagen: »Das ist ein wichtiger Punkt, den Sie ansprechen. Darüber denke ich nach.« Jetzt kritzeln Sie noch eine Notiz in Ihren Timer, was den Eindruck vermittelt, dass Sie die Kritik ernst nehmen. Das tun Sie ja auch, denn Sie schreiben auf: »Lautermann, das kritische A...loch, den werde ich mir merken. Man trifft sich immer zwei Mal im Leben.« Legen Sie sich dafür am besten einen Code oder Abkürzungen zu, damit niemand Ihre Notizen entschlüsseln kann, falls Sie Ihren Timer aus Versehen liegen lassen. Ein weiterer schöner Abwehrrhetorik-Satz lautet: »Ich könnte Ihnen jetzt etwas aus dem Ärmel schütteln, aber das wird nicht der Seriosität Ihrer Frage gerecht. Ich werde darüber nachdenken und schicke Ihnen morgen früh dazu eine Mail.« Und entweder bekommt Ihr Kritiker dann einen Zweizeiler – oder Sie schütten ihn mit Informationen und Datenmengen zu, sodass er erst einmal beschäftigt ist. Ein absolutes No-go hingegen ist, auf fiese Fragen spontan und daher lückenhaft zu antworten. Das macht Sie nur angreifbar.

Maren Mähnert, eine IT-Frau aus Bamberg, hat die Kunst der Retourkutsche perfektioniert. Nachdem ihr Kollege ihre Präsentation im Meeting als »ausbaufähig« bezeichnet hat, schießt sie zurück: »Lieber Herr Sommerbach, vor wenigen Tagen kritisierte man in Ihrer Abwesenheit Ihre analytischen Kompetenzen. Da habe ich Sie noch verteidigt. Heute kommen mir aber schon gewisse Zweifel!« Schon hat Sommerbach gelernt: Wer Mähnert öffentlich anzählt, zahlt seinen Preis!

Regel 8: Machen Sie Ihre Gegenspieleranalyse!

… und aktualisieren Sie sie immer wieder. Wenn Ihnen keine beruflichen Gegenspieler einfallen, dann ist alles in Butter: Genießen Sie die Zeit, aber bleiben Sie bitte immer auf der Hut. Denn die schönen Zeiten gehen sicher auch mal vorbei. Vielleicht fragen Sie einmal bei Vertrauten nach, um sicherzugehen, dass Sie wirklich niemanden übersehen haben, der Ihnen nicht wohlgesinnt ist.

Sollten Sie – was wahrscheinlicher ist – Gegenspieler entdeckt haben, treten Sie nicht provozierend auf. Reizen Sie sie nicht, um keine Eskalation hochzuschaukeln. Das bringt nämlich gar nichts. Stattdessen gehen Sie höflich mit ihnen um, zitieren Rilkes Lyrik und geben sich kultiviert. Aber Sie trauen ihnen natürlich nicht von hier bis um die Ecke. Halten Sie sie also am besten auf Distanz. Schenken Ihnen Gegenspieler Pralinen, essen Sie die nicht. Schicken sie Ihnen eine Flasche Rotwein, lassen Sie diese mit Bedauern zurückgehen, auch um nicht den Tatbestand der Bestechlichkeit zu erfüllen. Wer weiß, wie teuer die Flasche in Wirklichkeit ist. Laden Ihre Gegenspieler Sie ins Restaurant ein, zahlen Sie selbst – oder noch besser: Gehen Sie nicht hin! Erfinden Sie eine Ausrede, essen Sie lieber mit Ihrer Familie oder mit Freunden. Denn mal ehrlich: Glauben Sie wirklich, der Restaurantbesuch bringt irgendetwas Positives? Wohl kaum. Denn Ihre Gegenspieler meinen es nicht gut mit Ihnen. Nie.

Die Schweizer Marketingfrau Gerburgis Sennar merkt sich die Funktionsweise der Gegenspielerlogik durch diesen Witz: »Elf Menschen hängen an einem Seil aus einem Hubschrauber. Zehn Männer und eine Frau. Da das Seil die zehn nicht halten kann, beschließt die Gruppe, dass einer loslassen und abstürzen muss. Man kann sich nicht einigen und die Kräfte schwinden. Die Blicke der Männer ruhen aber mittlerweile auf der einzigen Frau. Da setzt die Frau zu einer berührenden Rede an, sagt, dass sie freiwillig loslassen werde, weil Frauen es gewohnt seien, ohne großes Aufhebens für Kind und Mann alles zu geben, auch ohne viel dafür zu erwarten. Sie bittet nur – mit Tränen in den Augen –, dass man ihren Liebsten von ihrer Tapferkeit berichten solle. Die Männer sind berührt und begeistert. Sie fangen an zu klatschen ...«

Regel 9: Pflegen Sie Ihr Netzwerk!

... und bedenken Sie, dass es beim Beziehungsmanagement immer um die persönliche Ebene geht. Nähe ist gut, Präsenz hilft. Die Psychologie spricht vom **Effekt der bloßen Darstellung:** Wir mögen Menschen allein dadurch, dass wir sie häufiger sehen, weil sie dadurch Teil unseres Alltags werden, den man sich angenehm gestalten möchte. Wenig erfolgreich sind dagegen Selbstdarsteller. Erfolgreich sind die, die Komplimente machen und subtil Gemeinsamkeiten ins Gespräch einbauen, denn Gleich und Gleich gesellt sich gern: Hobbysportler finden Hobbysportler einfach sympathischer als aufgedunsene Genussmenschen.[91] Es gilt, Interesse am Menschen zu zeigen und nachzufragen.

Liebe Leserinnen und Leser, die Spielregeln im Job zu durchschauen heißt, Enttäuschungen zu vermeiden. In diesem Sinne hat der Aggro-Faktor hoffentlich Ihren Durchblick und Ihre

Sensibilität für knifflige berufliche Situationen geschärft. Folgen Sie also dem Motto dieses Buchs und genießen Sie Ihr Berufsleben, auch wenn es manchmal nach Ärger riecht. Sie sind dafür jetzt gut gewappnet. Seien Sie nicht hart und unfair, aber bremsen Sie die Unfairen aus. So setzen Sie sich durch, um Gutes zu tun – für sich, Ihr Unternehmen und die Gesellschaft: Das ist Win-win-win. Mehr geht nicht.

Ich wünsche Ihnen viel Spaß dabei!

Ein hoffnungsvoller Exkurs: Wer aggro kann, kann auch Zivilcourage!

Dieses Buch hat eine viktimologische Perspektive. Es möchte nicht, dass Sie zum Opfer im Berufsleben werden. Deswegen bringt es Ihnen Verhaltensweisen und Denkmuster näher, die Ihnen helfen sollen, in einem schwierigen beruflichen Umfeld über die Runden zu kommen. Diese Empfehlungen haben einen gesellschaftlich wunderbaren Nebeneffekt, denn wer sich im Job durchsetzen kann, der hat auch den Mut, sich gesellschaftlich zu positionieren. Kurz gesagt: Durchsetzungsstärke ermutigt zur Zivilcourage!

In der Zivilcourage geht es um die Kunst des richtigen Eingreifens, wenn andere Menschen Gefahr laufen, zum Opfer von Mobbing oder physischer Gewalt zu werden. Zivilcourage ist für jede Gesellschaft wichtig, denn sie ist das Gegenstück zur Gleichgültigkeit. Aber das ist nur die eine Seite der Medaille. Zivilcourage kann auch gefährlich sein, denn die couragierten Helfer positionieren sich gegen Aggressive, die sich bei der Ausübung ihres zerstörerischen »Hobbys« – so die Bezeichnung eines meiner Schläger während der Behandlung – gestört fühlen. Damit riskieren die Helfer, selbst in den Fokus der Aggressiven zu geraten. Aus meiner zehnjährigen Behandlungsarbeit mit Gewalttätern im Anti-Aggressivitäts-Training weiß ich: Gewalttäter haben nichts für Zivilcourage übrig. Ganz im Gegenteil: Die Couragierten stören ihr Machtspiel, ihre Misshandlung, ihren Raub oder den Versuch, in der Firma jemanden »abzuschießen«.

Couragiertes Handeln ist die Garantie, sich bei den Angreifern richtig unbeliebt zu machen. Das heißt natürlich nicht, dass wir die Opfer sehenden Auges ihrem Schicksal überlassen sollten. Zivilcourage im Beruf oder auf der Straße bleibt für eine humane Gesellschaft bedeutend, denn Wegsehen heißt aus Sicht der Täter Zustimmung. Um aber zu verhindern, selbst zum Opfer zu werden, müssen zwei Voraussetzungen vom eingreifenden Bürger oder Kollegen erfüllt werden:

1. **Die Herstellung einer zahlenmäßigen Überlegenheit.** Angreifer haben ein feines Machtgespür und lassen sich durch eine Übermacht zur Zurückhaltung bewegen. Sie werden überrascht sein, mit welcher Gelassenheit sich Schläger oder Mobber aus der Situation zurückziehen, wenn sie die Übermacht realisieren: ganz entspannt, als wäre gar nichts vorgefallen. Wenn Sie am Ort des Geschehens keine Übermacht herstellen können, greifen Sie bitte nicht alleine ein, sondern rufen Sie die Polizei, nehmen Sie alles mit Ihrem Handy auf und stellen Sie sich später als Zeuge zur Verfügung. Auf das Unternehmen übertragen: Kommunizieren Sie die Ungerechtigkeiten mit Vorgesetzten, Netzwerkpartnern und der Personalvertretung, um entsprechend potent vorgehen zu können.

2. **Planen Sie dabei immer Ihre Rückzugsperspektive.** Diese ist – besonders in der Straßenkriminalität – extrem wichtig, denn Schläger folgen Ihnen gerne. Ihr Eingreifen beendet die Situation nicht, sondern eröffnet erst ein gefährliches Katz-und Mausspiel. Und machen Sie sich keine Illusion: Sie sind dabei die Maus! Also aufpassen und nicht den Helden spielen.

Zivilcourage bedeutet, sich bewusst und – im positiven Sinne – laut in das Leben anderer einzumischen. Gut, das ist nicht gerade typisch deutsch und es ist auch nicht sonderlich bequem. Denn es bedeutet, den nächsten Bus oder Intercity zu verpassen und zu spät zur Arbeit zu kommen. Es kann Anzeigen nach sich ziehen, weil Sie sich in Sachen einmischen, die Sie vordergründig nichts angehen. Es verlangt von Ihnen, vor Gericht als Zeuge zu erscheinen und die bösen Blicke der Täter zu ertragen. Kurz: Zivilcourage bringt eine Menge Unruhe und Mehraufwand. Dennoch: Die Bedrängten und der Rechtsstaat werden es Ihnen danken. Entsprechend gilt: »Hinsehen – Hinhören – Handeln!« Die gute Nachricht: Die Fähigkeit zur Zivilcourage schafft Selbstvertrauen. Man frisst eben nicht mehr alles in sich hinein. Und das tut gut!

Doch nicht alle Menschen trauen sich diese positive Aggression zu. Warum diese Passivität, dieses Defizit an Hilfsbereitschaft in einem Deutschland, das sich gleichzeitig als Spenden-Weltmeister sehen darf? Folgende Gründe scheinen maßgeblich zu sein:

- Die hohe Professionalität in Deutschland provoziert einen übertriebenen Glauben an die Spezialistengesellschaft, in der ein Tatzeuge nicht einmal nach Hilfe telefoniert – weil er staunend auf die wohl bald eintreffenden Spezialisten wartet, statt einzugreifen.
- In der deutschen Medien- und Kommunikationsgesellschaft empfinden sich viele Menschen am Bildschirm »zu Hause« und fühlen sich beim alltäglichen Konflikt »wie im falschen Film«, so ein Hilfeverweigerer im Nachgespräch.
- Dazu kommt ein Zeitphänomen und das heißt: cool sein, auch in Stresssituationen. Nur keine Betroffenheit zeigen, sondern Selbstkontrolle demonstrieren. Und nur keine Fehler machen! Das fördert eine Zurückhaltung, die dem potenziellen Opfer kaum helfen kann.
- Zivilcourage bedeutet, klar Partei zu ergreifen für die Verlierer, für die Schwachen und die Opfer. Die Wettbewerbs- und Ellenbogengesellschaft bewundert aber die Starken, die Gewinner, also diejenigen, die sich durchbeißen. Zu den Losern

zählt man sich ungern: »Ich weiß gar nicht, ob der meine Unterstützung verdient hätte«, so die traurige Begründung eines Hilfe verweigernden Kollegen.

Zivilcourage verlangt dem Einzelnen also einiges ab. Zuallererst die Überwindung des eigenen Fluchtinstinkts, der uns in beruflichen oder gesellschaftlichen Konfliktsituationen signalisiert: »Hau schleunigst ab, das riecht nach Ärger!« Zivilcourage hat aber auch etwas zu bieten. Nichts Materielles, vielmehr die Gewissheit, etwas Gutes getan zu haben, stolz in den Spiegel schauen zu können. Zivilcourage ist eine moralisch hoch einzustufende Handlungskompetenz mit einem großen Vorteil: Menschen mit Zivilcourage beschreiben sich selbst als selbstbewusst und durchsetzungsstark. Vor allem nutzen sie diese Eigenschaften dann auch positiv in Privatleben und Beruf. Einfach formuliert: Zivilcouragierte Menschen sind erfolgreicher, denn sie beziehen geschickter Position – auch im beruflichen Konfliktfall.

In diesem Sinne wünsche ich Ihnen viel Erfolg in Ihrem beruflichen, privaten und gesellschaftlichen Leben!

Ihr

Aggro-Test für Arbeitnehmer

Haben Sie schon den passenden Aggro-Faktor? Diese Lernzielkontrolle fragt nach Ihrer gegenwärtigen Kompetenz, Berufskonflikten und Wettbewerbssituationen vorausschauend und angemessen begegnen zu können – vor allem wenn Sie es mit Kollegen und Chefs zu tun haben, die es nicht gut mit Ihnen meinen.

Beantworten Sie die folgenden Fragen mit Ja oder Nein. Bei Ja notieren Sie sich einen Punkt, bei einem Nein passiert nichts.

Ganz wichtig: Kreuzen Sie bitte an, wie Sie **gegenwärtig** darüber denken. Die Vergangenheit interessiert nicht, auch nicht, was Sie sich für die Zukunft wünschen. Seien Sie ehrlich mit sich – das Ergebnis können Sie ja für sich behalten ... Los geht's!

- Gehen Sie auf Distanz zu Kollegen, die Ihre nicht so tollen 10 Prozent betonen und kritisieren, obwohl Sie zu 90 Prozent ein feiner Mensch sind?

- Verfolgen Sie Ihre Ziele mit langem Atem?

- Wissen Ihre Kollegen und Vorgesetzten, wie Sie positioniert sind, also wie Sie ticken, wofür Sie stehen und wo Ihre Stärken liegen?

- Ist Ihnen bewusst, dass Ihre Gegenspieler immer zu weiteren Boshaftigkeiten tendieren – egal wie oft Sie ihnen helfen?

- Vermeiden Sie kleine Schummeleien, etwa bei der Reisekostenabrechnung oder einem angeblichen Geschäftsessen, weil Sie wissen, dass Ihnen diese Aktionen gehörig um die Ohren fliegen können?

- Sind Sie nachtragend, wenn man Sie vor versammelter Mannschaft kritisiert?

- Prüfen Sie vorausschauend, wo Sie zukünftig beruflichen Ärger zu erwarten haben?

- Erkundigen Sie sich nach den Fettnäpfchen Ihrer wichtigsten Kollegen und Chefs, um sie zu meiden?

- Bemühen Sie sich stets, in die für Sie wichtigen Meetings zu gelangen?

- Trennen Sie konsequent Berufliches und Privates?

- Haben Sie sich um den Aufbau Ihres Netzwerks gekümmert, *bevor* Sie Ärger hatten und dessen Hilfe benötigten?

- Achten Sie darauf, dass Ihre Freundlichkeit nicht ausgenutzt wird?

- Sie wissen, dass sich Schwierigkeiten im Beruf nicht durch schlichtes Ignorieren verziehen?

- Haben Sie sich Schlagfertigkeiten zurechtgelegt, die so allgemein gehalten sind, dass Sie sie bei Bedarf in jeder beliebigen Berufssituation einsetzen können?

- Achten Sie darauf, dass man bei Ihnen keine Zusatzarbeit ablädt, nur weil man von Ihnen wenig Widerstand erwartet?

- Haben Sie gelernt, bei Kleinigkeiten Nein zu sagen?

- Sind Sie in der Lage, Angriffe gegen Ihre Person nicht persönlich zu nehmen?

- Können Sie in kurzen Hauptsätzen Ihre beruflichen Anliegen unmissverständlich und höflich formulieren?

- Sie wissen, dass Ihr Umfeld verärgert reagiert, wenn Sie Ihre gutmütige Schäfchen-Rolle verlassen?

- Lehnen Sie die Rolle des Überbringers schlechter Nachrichten an Chefs und Kollegen ab?

- Wollen Sie nicht mehr allen alles recht machen?

- Trauen Sie sich, auch bei großen Dingen Nein zu sagen?

- Lautet Ihr Motto: Wer viel macht, macht auch einmal Fehler?

- Sind Sie schauspielerisch in der Lage, bei Angriffen gegen Ihre Person äußerlich gefasst und nachdenklich zu wirken?

- Betrachten Sie Kollegen mit Argwohn, die Sie zum Kritisieren von Chefs und Kollegen ermutigen?

- Vermeiden Sie es, Kollegen von Dingen zu erzählen, die man zukünftig gegen Sie verwenden könnte?

- Klopfen Sie Ihr berufliches Handeln mit der Frage ab: Wie wäre es, wenn dies als Schlagzeile in der Presse auftauchen würde?

- Wissen Sie, welche Rolle Sie in Ihrem Team spielen?

- Vermeiden Sie es, Kritisches oder Informelles per E-Mail zu versenden?

- Unterlassen Sie chancenlose Kraftproben?

- Wissen Sie, wer Ihre wohlwollenden, unterstützenden Kollegen sind?

- Vermeiden Sie es, ehemals gemeinen Kollegen erneut zu helfen?

- Wissen Sie, wer Ihre Gegenspieler sind?

- Setzen Sie Ihre Hilfsbereitschaft dosiert ein?

- Weisen Sie bewusst, aber dezent vor Chefs auf Ihre Stärken hin?

- Pflegen Sie Ihre Einsteckerqualitäten, sodass Kritik an Ihnen immer besser abprallt?

- Glauben Sie, dass es vor Burn-out schützt, sich zur Wehr zu setzen?

- Stimmen Sie der Aussage zu? »Je statushöher und machtvoller Kollegen oder Chefs im Job sind, desto empfindlicher reagieren sie auf Kritik.«

- Glauben Sie, dass sich Ihre Vorgesetzten von Ihnen Loyalitätsbekundungen wünschen?

- Sind Sie bereit, Ihre Chefs oder Kollegen – auch wenn Sie sie nicht so toll finden – *nicht* öffentlich zu kritisieren?

- Werden Sie misstrauisch, wenn man Ihnen eine »innovative Chance« anbietet?

- Gehen Sie zu den Energievampiren in Ihrem beruflichen Umfeld auf Distanz, sodass diese kaum die Gelegenheit bekommen, Sie auszusaugen?

- Suchen Sie sich in Ihrem Job statushohe Unterstützer, die Ihnen zur Seite stehen, wenn Sie ins Kreuzfeuer der Kritik geraten?

- Reicht Ihnen 70 Prozent Perfektionismus im Job?

- Haben Sie einen festen beruflichen Willen?

- Wollen Sie Ihre Ziele erreichen, auch wenn Sie dabei jemanden ungewollt überrollen?

- Geben Sie kritische Rückmeldungen immer nur unter vier Augen, sodass Ihr Gegenüber sein Gesicht wahren kann?

- Können Sie in Konfliktfällen äußerlich aufgebracht wirken und gleichzeitig über das Fernsehprogramm des heutigen Abends nachdenken?

- Heißt für Sie Win-win-Situation, dass es völlig ausreicht, wenn Ihr Gegenüber nur denkt, gewonnen zu haben, obwohl es faktisch nicht so ist?

- Analysieren Sie Ihre Kollegen und Chefs von Zeit zu Zeit wie Schachfiguren?

- Wollen Sie sich durchsetzen, auch wenn Sie dabei jemanden ungewollt verletzen?

- Glauben Sie an folgendes Aggressionsparadoxon? Wenn Kollegen glauben, dass Sie bissig sein können, werden sie zu Ihnen höflicher sein.

- Folgen Sie dem Schrotgewehr-Prinzip? Zehn neue Dinge beginnen und hoffen, dass zwei Kugeln ins Schwarze treffen.

- Betrachten Sie permanente Authentizität im Beruf als Aufstiegsfehler?

- Glauben Sie, dass Hochmut vor dem Fall kommt?

- Werden Sie misstrauisch, wenn man Ihnen schwammige Aufgaben überträgt?

- Greifen Sie auf Höflichkeitslügen zurück, wenn es der guten Sache dient?

- Wenden Sie mikrosoziologische Rollenanalysen wie etwa die Diamantenanalyse in Ihrem Berufsalltag an?

- Geben Sie Kollegen und Chefs ungefragt positive Rückmeldungen für gelungene berufliche Taten?

Auswertung

Addieren Sie jetzt bitte Ihre Punkte und schauen Sie, in welcher der vier Auswertungskategorien Sie gelandet sind. Bitte denken Sie nach der Auswertung besonders darüber nach, ob sich das Testergebnis mit Ihrer Selbsteinschätzung überschneidet. Wenn dem so ist, überlegen Sie, ob das zukünftig so bleiben soll oder ob Sie Veränderungen vornehmen sollten – bei denen Ihnen die Ratschläge in *Hart, aber unfair* eine Hilfestellung sein können.

Besteht eine starke Diskrepanz zwischen dem Testergebnis und Ihrer Selbsteinschätzung, dann folgen Sie bitte immer *Ihrer* Einschätzung und *Ihrem* Gefühl. Nicht dem Test! Sie kennen sich immer noch am besten! Sollten Sie aber grundsätzlich mit dem Testergebnis unzufrieden sein, dann nehmen Sie es mit Humor und wiederholen ihn einfach heimlich ein zweites Mal. Das Ergebnis wird jetzt mit hoher Wahrscheinlichkeit besser ausfallen. Übung macht eben doch immer den Meister!

Wenn Sie mit dem Ergebnis unzufrieden sind, weil Sie meinen, dass Ihr Aggro-Faktor noch zu niedrig ist: Denken Sie noch einmal über die Fragen nach, bei denen sie mit Nein geantwortet haben. Warum haben Sie an der Stelle Nein gesagt? Zu Übungszwecken hoffentlich in dem Fall nicht! Vielleicht finden Sie hier Themenfelder, über die Sie noch einmal in Ruhe nachdenken möchten. Oder Sie schlagen die entsprechenden Stellen im Buch nach und lesen die Statements und Beispiele erneut. Gibt es hier noch Entwicklungspotenzial bei Ihnen? Wie können Sie bissiger werden, sich besser durchsetzen? Wer kann Ihnen dabei helfen? Suchen Sie die Antworten auf diese Fragen – und lassen Sie sich nicht davon abbringen, mehr aggro zu werden. Sie sind auf dem besten Weg dorthin!

0 bis 14 Punkte

Sie haben keinen Aggro-Faktor, denn punktuelle Härte ist für Sie keine Option im Berufsalltag. Positiv formuliert: Sie sind ein feiner und fairer Mensch, dem Macht- und Konkurrenzspiele nicht nur fremd, sondern auch schnurzpiepegal sind. Wenn es passt, kommen Sie beruflich weiter, wenn nicht, geht die Welt auch nicht unter. Entweder Kollegen und Chefs erkennen Ihre Qualität (Dornröschensyndrom!) oder sie lassen es bleiben. Sich deswegen zu verbiegen, weniger kritisch-authentisch zu sein oder auch noch Selbstmarketing zu betreiben kommt für Sie absolut nicht in die Tüte. Gerade Letzteres finden Sie nur peinlich. Sie sind qualitätsorientiert, seriös und schätzen die inhaltliche Debatte. Die berufliche Gerüchteküche und das ganze Sandkastengehabe mancher Kollegen und Chefs können Ihnen gestohlen bleiben. Das ist nicht Ihre Welt und soll es auch nicht werden. Die Vorschläge, die dieses Buch Ihnen bietet, entsprechen nicht unbedingt Ihrem Bild eines fairen Miteinanders. Das ist sympathisch – aber vielleicht auch ein wenig blauäugig. Deswegen ärgern Sie sich auch ein bisschen, dieses Buch überhaupt gekauft und gelesen zu haben, weil es diesen Missstand nicht nur ausführlich beschreibt, sondern als Berufsrealität akzeptiert, anstatt ihn abzuschaffen. Frechheit!

15 bis 29 Punkte

Sie haben einen niedrigen Aggro-Faktor. Sie wissen ungefähr, wie es im Berufsleben läuft. Sie sind auch bereit, sich den formalen Strukturen im Job zu stellen. Die informellen Regeln wollen Sie sich aber eher nicht antun. Die gehen Ihnen auf die Nerven, sind in Ihren Augen Zeitverschwendung und lenken von der eigentlichen sachlichen Aufgabe ab, die Sie in Ihrer

Position zu bewältigen haben. Das ganze informelle Getue geht Ihnen gegen den Strich, weil es aus Ihrer Sicht komplett überflüssig ist. Sie wissen andererseits, dass es das Informelle auch in Ihrer Firma gibt. Sie sind ja nicht blind. Aber dafür Zeit zu opfern, das wollen Sie nicht. Auch die Idee, zukünftig Kollegen und Chefs in Rollen einzuteilen und dann positiv, negativ oder neutral zu bewerten, ist für Sie nur Ausdruck eines primitiven Schubladendenkens. Dieses Denken entspricht weder Ihrem Niveau noch Ihrem Menschenbild. Derartige Analysen sind in Ihren Augen eher Ausdruck einer zweifelhaften Wettbewerbsgesellschaft, der Sie zwar angehören, aber deren Spielchen Sie nicht oder nur sehr zurückhaltend mitspielen wollen. Insofern hat Sie dieses Buch nicht nur in Ihrem kritischen Habitus bestätigt, sondern auch ein wenig aggressiver gemacht – aber nur, weil es Interaktionen beschrieben hat, die Sie ärgerlich finden und mit denen Sie nicht identifiziert werden mögen. Dass es diese beruflichen Schattenseiten gibt, stellen Sie allerdings nicht infrage.

30 bis 44 Punkte

Sie haben einen soliden Aggro-Faktor. Sie wissen, wie es im Berufsleben läuft, und können sich auch entsprechend verhalten. Das heißt nicht, dass Sie die Strukturen und Machtspiele, die Sie durchschauen, immer gut finden und kritiklos annehmen. Aber Sie halten sich auch nicht zu sehr damit auf, diese beruflichen Realitäten ständig infrage zu stellen. Ihr gesunder Pragmatismus hilft ihnen, nicht unter den zum Teil unangenehmen Wettbewerbsbedingungen zu leiden. Es gibt sie, das ist für Sie Fakt. Sie haben sie auf dem Schirm und beherrschen die nötige Klaviatur notfalls auch im Schlaf. Sie nutzen dieses Wissen aber nicht nur zu Ihrem Vorteil, sondern klären auch jene

Kollegen auf, die in Gefahr laufen, Opfer dieser Strukturen und Interaktionen zu werden. Sie sind hilfsbereit im Informellen. Sie haben die richtige Mischung aus Biss und Herz. Diese aufklärerische Hilfe macht Ihnen auch Spaß, weil Sie damit Neulinge, Berufsanfänger oder ein wenig naive Schäfchen-Kollegen unterstützen können. Das macht Sie, trotz Ihres recht hohen Aggro-Faktors, im Kollegenkreis beliebt. Zu Recht!

45 bis 59 Punkte

Sie haben einen hohen Aggro-Faktor. Sie riechen nach Erfolg. Sie haben die Spielregeln im Berufsleben begriffen. Und Sie sind froh darüber. Sie stellen sie nicht infrage, sondern wissen sich darin zu bewegen. Sie durchschauen die formalen und informellen Strukturen und wissen, wen Sie wie zu bedienen haben, um möglichst konflikt- und stressfrei durch Ihr Berufsleben zu gleiten und auf der Karriereleiter emporzusteigen. Partiell fühlen Sie sich wie ein Puppenspieler und Strippenzieher. Sie müssen sich manchmal bremsen, weil Sie Gefahr laufen, andere manipulieren zu wollen. Fakt ist: Mit Ihnen muss man rechnen. Dass dieses Verhalten auch noch Erfolg und Aufstieg verspricht, kommt Ihnen und Ihrem Streben entgegen. Dass Sie dabei Weggefährten, die Ihnen wohlgesinnt sind, massiv unterstützen, versteht sich von selbst. Dass sich Ihre Gegenspieler warm anziehen sollten, allerdings auch. Sie finden diese Grundhaltung klug. Gleichzeitig belächeln Sie Kollegen und Chefs, die sich vor lauter authentischer Kritik immer wieder um Kopf und Kragen reden. Sie finden deren Verhalten auch nicht mutig und ehrlich, sondern schlicht naiv. Sie respektieren das System, schätzen die Diamantenanalyse oder wenigstens die Vorstellung, dass das Berufsleben viel mit Schachspiel zu tun hat. Sie wissen, wer für und wer gegen Sie ist – und das schützt Sie vor bösen Überraschungen. Sie fühlen sich wohl in Ihrer beruflichen Haut, neigen aber manchmal zur Selbstgefälligkeit. Sie respektieren Widerstände als unvermeidlich und wissen, dass diese Wettbewerbsgesellschaft genau die richtige für Sie ist. Sie können hart werden, aber Sie wollen fair bleiben. Gut so!

Literatur

Aden, K.: *Geld verdirbt den Charakter, oder?* Manager Panal. Lachner, Aden, Beyer 2007

Andre, T.: »Karriere machen immer die Falschen«, in: *Kultur Hamburger Abendblatt* 30.5.2012

Albrecht, K.: »Vom Wert des Lobes«, in: *Querdenker* 2/2012, S.35–39

Bach, R. B./Goldberg, H.: *Keine Angst vor Aggression.* Frankfurt a. M.: Fischer Taschenbuch Verlag 2007

Bandura, A.: *Aggression.* Stuttgart: Klett-Cotta 1979

Becker, G. S.: *Der ökonomische Ansatz zur Erklärung menschlichen Verhaltens.* Tübingen: Mohr Siebeck 1993

Becker, I.: *Everybody's Darling, Everybody's Depp: Tappen Sie nicht in die Harmoniefalle!* Frankfurt am Main: Campus Verlag 2009

Benn, G.: *Lyrik und Prosa. Briefe und Dokumente.* Wiesbaden und München: Limes Verlag 1925, S. 21

Biver, J.-C.: »Die Haupttriebfeder des Handelns«, Vortrag beim Club der Optimisten, Hamburg 2012

Biermann, W.: *Preußischer Ikarus.* München: Deutscher Taschenbuch Verlag 1978

Bolz, N./Bosshart, D.: *Kult Marketing.* München: Econ 1995

Boyes, R.: *My dear Krauts. Wie ich die Deutschen entdeckte.* Berlin: Ullstein 2006

Blumer, H.: »Der methodologische Standort des Symbolischen Interaktionismus«, in: Arbeitsgruppe Bielefelder Soziologen (Hg.): *Alltagswissen, Interaktion und gesellschaftliche Wirklichkeit*, Opladen 1981, S. 80–146

Colla, H./Scholz, C./Weidner, J. (Hg.): *Konfrontative Pädagogik. Das Glen Mills Experiment.* Forum Verlag Godesberg 2008

Conniff, R.: *Was für ein Affentheater.* Frankfurt a. M.: Campus Verlag 2006

Ehrl, O.: »Verlieren ist nicht vorgesehen«, in: *Querdenker* 4/2010, S. 32

Endres, H.: »Neue Härte«, in: *manager magazin* 6/2007, S. 152–154

Farrelly, F.: *Provokative Therapie*. Springer 2008

Fischer, G.: »Uns reicht kein Unentschieden«, in: *brand eins* 6/2008

Freud, S.: »Die kulturelle Sexualmoral und die moderne Nervosität«, in: ders.: *Gesammelte Werke, VII*, Fischer 1999

Fromm, E.: *Die Seele des Menschen. Ihre Fähigkeit zum Guten und zum Bösen*. Stuttgart 1979

George, G: »Es wird krimineller, korrupter, spießiger«, in: *Welt am Sonntag*, 02.01.2011

Goffman, I.: *Interaktionsrituale: Über Verhalten in direkter Kommunikation*, Suhrkamp Taschenbuch Wissenschaft 1986

Greene, R.: *Power: Die 48 Gesetze der Macht*. Deutscher Taschenbuch Verlag 2001

Groth, A.: »Warum lohnt es sich, den eigenen Chef zu führen?«, in: Buschhaus, N. (Hg.): *Warum*. Gabal Verlag Offenbach 2010: 78–87

Grünewald, S.: *Deutschland auf der Couch*. Frankfurt a. M.: Campus Verlag 2006

Halevy, N.: »Why Nice Guys Don't Always Make It to the Top«, http://www.gsb.stanford.edu/news/research/halevy_nice_2011.html

Hautzinger, M.: *Verhaltenstherapie Manual*, Springer 2008

Heitmeyer, W./Hagan, J. (Hg.): *Internationales Handbuch der Gewaltforschung*. Westdeutscher Verlag 2002

Heine, H.: *Buch der Lieder, Neue Gedichte*. Verlag Erich Stolpe 1928

Heckhausen, H.: *Motivation und Handeln*. Berlin: Springer 1989

Hemel, U.: *Sich vor dem Siege über Vorgesetzte hüten*. München: Hanser Verlag 2008

Henseler, H.: *Narzisstische Krisen*. Westdeutscher Verlag, Wiesbaden 2000

Herkenrath, L.: *Böse Mädchen kommen in die Chefetage*. München: Ariston Verlag 2012

Herwig, M.: »›Cheffing‹: Wie Mitarbeiter ihre Chefs führen«, in: *Hamburger Abendblatt* 29/30.09.2012

Heuer, K.: »Q-Interview«, in: *Querdenker Magazin* 1/2009

Höhler, G.: »Die Kanzlerin und ihre Untertanen«, in: *Welt am Sonntag*, Nr. 34, 2011

Hurrelmann, K.: *Einführung in die Sozialisationstheorie*. Weinheim: Beltz 2006

Hübner-Weinhold, M.: »Nach oben muss man auch wollen«, in: *Hamburger Abendblatt* 2011:49

Hück, U.: »Schmerz an sich ist nichts Schlimmes«, in: *Welt am Sonntag,* 02.01.2011

Jäger, R.: *Ausgekuschelt.* Zürich: Orell Fuessli Verlag 2009

Kals, U.: »Der Feind vor meinem Büro«, in: *FAZ Beruf & Chance,* 11.05.2010

Kals, U.: »Schleimspur nach oben«, in: *FAZ* 07./08.04.2012

Kant, I.: *Kritik der praktischen Vernunft.* Hrsg. von Horst D. Brandt und Heiner F. Klemme, Meiner, Hamburg 2003

Kellner, H.: *PA – Der Karrierefaktor: Mit Positiver Aggression zum Erfolg.* Eichborn 2000

Klein, H. L./Lachhammer, J.: »Efficient Consumer Response (ECR)«, in: *absatzwirtschaft* 2/1996, S. 62–66

Lamnek, S.: *Neue Theorien abweichenden Verhaltens.* UTB für Wissenschaft 1997

Langenscheidt, F.: »Warum ist Optimismus erfolgsentscheidend«, in: Buschhaus, N. (Hg.): *Warum?* Gabal Verlag Offenbach 2010, S. 144–153

Laplanche, J./Pontalis, J.-B.: *Das Vokabular der Psychoanalyse.* Bd. 1 und 2, Suhrkamp Verlag 1982

Leendertse, J.: »Rollenverteilung: Die Firma als Streetgang«, in: *Handelsblatt online* vom 16.04.2006 (Zugriff: 13.02.2013).

Leinemann, J.: *Höhenrausch.* Heyne Verlag München 2005

Lewin, K.: *Feldtheorie in den Sozialwissenschaften.* Bern, Huber 1963

Lotter, W.: »Anleitung für das Andere«, in: *brand eins* 6/2008, S. 52–62

Lürssen, J./Opresnik, M.: *Die heimlichen Spielregeln der Karriere.* Frankfurt a. M.: Campus Verlag 2010

MacMillan I. C.: *Strategy Formulation: political concepts.* St Paul, MN, West Publishing 1978

Matz, A.: »Wenn der Chef zum Herrscher wird«, in: *Beruf & Erfolg, HH-Abendblatt* 05./06.02.2011

Mill, John Stuart: *Der Utilitarismus.* Reclam, Stuttgart 1976

Müller, Meike in: Scheller, Y.: Wider die Energieräuber, in: Die Welt Karriere, 16.5.2009

Nietzsche, F.: *Menschliches, Allzumenschliches und andere Schriften.* Könemann Verlagsgesellschaft Köln 1994

Pauls, H.: *Klinische Sozialarbeit*. Juventa Verlag 2011

Pawlik, J. (Hg.): »11. Sales Kongress. Langsam – die Balance der Geschwindigkeiten«, in: *Pawlik Journal* 7/2012, S.6–46

Pawlik, J.: »Volition ist umgesetzte Energie«, in: *SC Journal* 1/2012

Pittroff, U. u. a.: *Wellness*. Gräfe und Unzer Verlag 2003

Schmidt, H.: »Über inszenierte Wirklichkeit und einen Besuch bei Mao Tsetung«, in: *Zeit Magazin Leben* 1/2008, S. 62

Scheller, Y.: »So wehrt man sich gegen Intriganten«, in: *Hamburger Abendblatt* 10.01.2009:61

Scherer, H.: *Wie man Bill Clinton nach Deutschland holt*. Frankfurt a. M.: Campus Verlag 2006

Scherer, H.: *Glückskinder*. Frankfurt a. M.: Campus Verlag 2011

Schmidt, T. E.: »Moral im Sonderangebot«, in: *Die Zeit* 2009, Nr. 32

Schneider, H.-J.: »Der gegenwärtige Stand der Viktimologie in der Welt«, in: ders. (Hrsg.): *Das Verbrechensopfer in der Strafrechtspflege*. Berlin 1982

Schöll, C.: »Lügen ist auch manchmal erlaubt«, in: *Hamburger Abendblatt*, 22.12.2012:57

Schranner, M.: *Teure Fehler*. Econ, Berlin 2009

Schürgers, G.: Burn Mental Management, in: www.burnon.de 2012

Silberman, M./ Hansburg, F.: *The 60-Minute Active Training Series: How to Encourage Constructive Feedback from Others*. John Wiley & Sons 2005

Sprenger, R.: *Radikal führen*. Frankfurt a. M.: Campus Verlag 2012

Storn, A.: »Die Angst der Chefs«, in: *Die Zeit*, Nr.24, 2008

Sutton, R. I.: *Der Arschloch-Faktor: Vom geschickten Umgang mit Aufschneidern, Intriganten und Despoten in Unternehmen*. München: Heyne 2008

Sykes, G. M./Matza, D.: »Techniken der Neutralisierung«, in: Sack, F./ König, R.(Hg.): *Kriminalsoziologie*. Akademische Verlagsgesellschaft Wiesbaden 1979, S. 360–371

Thiele, A.: *Sag es stärker!* Frankfurt a. M.: Campus Verlag 2012

Thomas, W. I./Thomas, D. S.: *The Child in America: Behavior Problems and Programs*. Knopf 1928.

Tingler, P.: »Laß es raus«, in: *Welt am Sonntag*, Nr. 43/2005

Utermöhle, K.: *Die Verrückten werden siegen*. Zeppelin Verlag 2006

Vasek, T.: *Die Weichmacher.* München: Hanser Verlag 2011

Viehöver, U.: *Der Porsche Chef. Wendelin Wiedeking – mit Ecken und Kanten an der Spitze.* Frankfurt a. M.: Campus 2006

Watzke, E.: *Äquilibristischer Tanz zwischen Welten.* Forum Verlag 2011

Watzlawick, P./Beavin, J. H./Jackson, D. D.: *Menschliche Kommunikation – Formen, Störungen, Paradoxien.* Huber 2007

Weber, C.: »Nett sein schadet der Karriere«, in: Sueddeutsche.de, 29.09.2011, im Internet unter: http://www.sueddeutsche.de/wissen/sozialverhalten-nettsein-schadet-der-karriere-1.1151852, Zugriff 2012

Weidner, J.: *Die Peperoni-Strategie. So nutzen Sie Ihr Aggressionspotential konstruktiv.* Frankfurt a. M.: Campus Verlag 2011

Weidner, J.: »Entschleunigung macht aggressiv«, in: *Pawlik Journal* 7/2012, S. 22–25

Weidner, J.: »Volition verlangt Schärfe«, in: *SC Journal* 1/2012, S.18

Weidner, J./Koller-Tejeiro: *Mit Biss zum Erfolg. Durchsetzungsstärke & positive Aggression im Management. Mit Beiträgen von Sonja Bischoff, Norbert Bolz u. a.,* Forum Verlag Godesberg 2004

Weidner, J./Kilb, R. (Hg.): Handbuch der Konfrontativen Pädagogik. Juventa 2011

Weidner, J.: *Anti-Aggressivitäts-Training für Gewalttäter.* Forum Verlag Godesberg 2009

Weidner, J.: »Bissigkeit schützt vor Burn-out«, Interview in: Frankfurter Allgemeine Zeitung Online, 18.02.2013, im Internet unter: http://www.faz.net/aktuell/beruf-chance/arbeitswelt/aggressionsforscher-jens-weidner-bissigkeit-schuetzt-vor-burn-out-12055232.html

Winkler, M.: Im Gespräch. Hochschule für Angewandte Wissenschaften Hamburg, Fakultät Wirtschaft & Soziales 21.01.2011

Wittig, P.: *Der rationale Verbrecher: der ökonomische Ansatz zur Erklärung kriminellen Verhaltens.* Berlin: Duncker & Humblot 1993

Anmerkungen

1. Sie folgen dem »Crashkurs Durchsetzen« auf Pink University, vgl. www.pinkuniversity.de.
2. Tillmann 1996:91
3. Tillmann 1996:92
4. Leinemann 2005:61
5. Utermöhle 2006:222
6. Vgl. Schürgers 2012
7. Vgl. Weber 2012
8. Matz 2011:59
9. Vgl. www.konfrontative-paedagogik.de, Rubrik: Forschungsergebnisse
10. Heckhausen 1989
11. Heitmeyer 2002
12. Vgl. www.konfrontative-paedagogik.de
13. Kant 2003:41
14. Grünewald 2006:60
15. Storn 2008:1
16. Vgl. Sprenger 2012
17. Lamnek 1997:236
18. Weidner 2011:191
19. Schneider 1982:25
20. Lamnek 1997:261
21. Müller 2009:3
22. Andre 2012:16
23. Vasek 2011
24. Goffman 1986
25. Boyes 2006:98
26. Hück 2011:40
27. Bach/Goldberg 2007:14

28. Thiele 2012:224
29. Vgl Thiele 2012:67 f.
30. Vgl. Herkenrath 2012
31. Leinemann 2005:278
32. Leinemann 2005:438
33. Hübner-Weinhold 2011:49
34. Conniffs 2006:9
35. Watzlawick 2007
36. Blumer 1981:80 ff.
37. Scheller 2009:61
38. Scheller 2009:61
39. Thiele 2012:144 ff.
40. Colla/Scholz/Weidner 2008
41. Bach 2007:5 f.
42. Bach 2007:13
43. Schmidt 2008:62
44. Tingler 2005:77
45. Lotter 2008:62
46. Endres 2007:152
47. Endres 2007:154
48. Schranner 2009:11, 33 f.
49. Vgl. Pauls 2011
50. Ed Watzke 2011
51. Weidner 2011, www.konfrontative-paedagogik.de
52. Silberman/Hansburg 2005
53. Fromm 1979
54. Kellner 2000:9
55. Laplanche/Pontalis 1982:478
56. Freud 1999:187
57. Vgl. Greene 2001, Lürssen/Opresnik 2010 und Sutton 2008
58. Bolz/Bosshart 1995
59. Fischer 2008:4
60. Vgl. Hurrelmann 2006
61. Pawlik 2012, Weidner 2012
62. Vgl. Kellner 2000, Weidner 2011
63. Hautzinger 2008:225
64. Vgl. Herkenrath 2011
65. George 2011:23
66. http://www.welt.de/fernsehen/article11902647/Es-wird-immer-krimi
neller-korrupter-und-spiessiger.html

67. Scherer 2011:24
68. Conniff 2005:85
69. Vgl. Farrelly 2008
70. Leinemann 2005:418
71. Biver 2012
72. Bach 2007:57
73. Viehöfer 2006:310
74. Thiele 2012: 58
75. Groth 2010:80
76. Herwig 2012: 59
77. Höhler 2011:13
78. Scherer 2012
79. Kals 2010
80. Mill 1976
81. Vgl. Kellner 2000
82. Klein/Lachhammer 1996: 64
83. Henseler 2000
84. Langenscheidt 2010:147
85. Albrecht 2012:39
86. Herkenrath 2012
87. Pittroff 2003:121
88. Utermöhle 2006:148
89. Utermöhle 2006:22
90. Vgl. Jäger 2009
91. Kals 2012:1

Register

Jens Weidner
Die Peperoni-Strategie
So nutzen Sie Ihr Aggressions-
potenzial konstruktiv

2. überarbeitete Auflage
2011. 220 Seiten

**Auch als E-Book sowie
als Hörbuch erhältlich**

Die Kunst der
positiven Aggression

*»Chili con Charme - Aggression und (Ver-)Führung. Die richtige
Würze für Ihre Karriere.«* Süddeutsche Zeitung

*»Besonders nützlich ist die Lektüre für Führungskräfte. Denn
Führung geht, so Weidner, nur mit einem gewissen Maß an
Aggression.«* changeX

*»Mehr Biss im Beruf zeigen, und der Karriere steht nichts
mehr im Weg. Aber passen Sie auf, dass Ihnen die Schärfe nicht
im Hals stecken bleibt!«* Bloomberg Television

Frankfurt. New York